A PRATICAL GUIDE TO MACHINE LEARNING WITH R

黄天元◎著

机器学习全解

R 语言版

人 民 邮 电 出 版 社

北 京

图书在版编目（CIP）数据

机器学习全解 : R语言版 / 黄天元著. -- 北京 :
人民邮电出版社, 2024.7
ISBN 978-7-115-64146-5

Ⅰ. ①机… Ⅱ. ①黄… Ⅲ. ①机器学习 Ⅳ.
①TP181

中国国家版本馆CIP数据核字(2024)第069170号

内 容 提 要

机器学习是近年来非常热门的学科，R 语言经过一段时间的发展也逐渐成为主流的编程语言之一。本书结合机器学习和 R 语言，面向机器学习实践，不仅介绍了机器学习和 R 语言的基础知识，而且介绍了如何借助不同的算法来进行模型分析，以及这些算法在 R 语言中的实现方式。通过阅读本书，读者可以快速了解机器学习和 R 语言的必备知识，掌握机器学习的实现流程。

本书适合程序员、数据分析人员、对算法感兴趣的读者、机器学习领域的从业人员及科研人员阅读。

◆ 著　　　　黄天元
责任编辑　胡俊英
责任印制　王　郁　焦志炜

◆ 人民邮电出版社出版发行　　北京市丰台区成寿寺路 11 号
邮编　100164　　电子邮件　315@ptpress.com.cn
网址　https://www.ptpress.com.cn
涿州市京南印刷厂印刷

◆ 开本：800×1000　1/16
印张：13.5　　　　2024 年 7 月第 1 版
字数：298 千字　　　　2024 年 7 月河北第 1 次印刷

定价：69.80 元

读者服务热线：(010)81055410　印装质量热线：(010)81055316
反盗版热线：(010)81055315
广告经营许可证：京东市监广登字 20170147 号

序　　言

机器学习是人工智能的一个分支，旨在通过构建和训练计算机算法和模型，使计算机能够从数据中学习并自主进行决策和预测。传统的计算机程序是由开发者编写特定的规则和指令以实现特定的任务。然而，机器学习不同，它依赖数据驱动的学习过程。机器学习算法会分析大量的输入数据，并根据这些数据的模式、趋势和统计特征来提取信息并进行预测。机器学习在许多领域都有广泛的应用，如自然语言处理、图像和语音识别、推荐系统、金融预测、医疗诊断等。它为处理大规模和复杂的数据提供了一种强大的工具和方法，使计算机能够自动从数据中学习和改进，从而实现更准确的预测和决策。

我最初是在硕士研究生阶段接触机器学习的，作为一个自然科学领域的研究生，当时我非常希望学好 R 语言，从而更好地采集、管理和分析手头的数据。非常幸运，我遇到了 Max Kuhn 所著的图书 *Applied Predictive Modeling*，并被里面的内容深深吸引了。这本书完全超越了 R 语言的范畴，它所触及的是机器学习的本质——如何通过一套清晰的思路和流程来利用数据创建模型，从而完成预测。当然，有 R 语言的基础，以及 Max Kuhn 所开发的 caret 包，整个机器学习的实现过程变得极其高效。在学习的过程中，我不断地去了解机器学习中的不同概念，同时会参照书上的代码在计算机上实践，这个过程令我受益匪浅。

时至今日，R 语言社区中机器学习的工具已经发生了很多新的变化。caret 包依然作为通用的机器学习工具被广泛使用，但是其开发者 Max Kuhn 已经投入到机器学习新框架 tidymodels 的开发中，以 tidyverse 为核心的整洁之风正在席卷整个 R 语言生态。另外，mlr 框架也是 R 语言中比较流行的机器学习框架，2013 年首次在 CRAN 平台上发布，而且其可扩展性不断提升并进行了多次迭代重写，形成了现在的 mlr3。

尽管机器学习工具的变化日新月异，但是机器学习的核心概念是稳固的，更加好用的工具使机器学习的实现和教学变得更加便捷，能让学习者可以集中精力关注机器学习本身，而不是如何利用工具去实现。为此，本书面向机器学习实践，并重点介绍了机器学习的基本概念，包括特征工程、重采样、模型表现的衡量、模型筛选、参数调节等，还介绍了比较新的方法来开展模型分析（常被称作“可解释的机器学习”）。同时，本书给出了各种机器学习方法在 R 语言中的实现方式，所使用的框架包括但不限于 caret、tidymodels、mlr、mlr3，并在案例分析中向读者演示了如何利用这些工具完成指定的机器学习任务。通过对本书的学习，读者能够快速了解机器学习的基本概念，并利用 R 语言来实现机器学习的各个步骤，从而高效地创建模型。

黄天元

前　言

机器学习是人工智能的重要组成部分，主要是设计一些让计算机可以自动“学习”的算法，从而让计算机能够从数据中获得经验，进而根据场景中的输入数据给出建议和决策。本书旨在对机器学习的基本知识进行讲解，并结合 R 语言中一些前沿的机器学习工具来帮助读者掌握机器学习的基本技巧。

全书共 16 章内容，提供了丰富的案例和操作演示，力求帮助读者了解机器学习场景中常用的 R 语言工具和建模技巧，让读者在机器学习项目中能够有条不紊地开展分析，进而高效完成统计建模，让获得的结果能够有效地应用在科学研究和实际工作中。

在阅读本书时，读者还可以借助随书提供的配套案例数据和相关代码，跟随书中的提示，逐步进行实践操作。读者将在相关案例的学习中，进一步巩固机器学习的相关知识，掌握 R 语言在机器学习领域的实践应用能力。

本书涵盖以下主要内容。

第 1 章介绍机器学习的一些基本知识，包括概念、意义、种类和基本流程。

第 2 章介绍 R 语言综合基础，首先讲述了如何对 R 语言的软件环境进行配置，随后分别讲解了编程保留符号、基本数据类型、常用数据结构、程序流程控制和函数使用技巧，以帮助读者熟练掌握 R 语言的操作环境。

第 3 章介绍高效数据操作，主要聚焦在如何使用 R 语言的一些工具来完成包括排序、汇总、分组计算在内的常用数据操作。

第 4 章介绍广泛流行的 R 语言数据科学工具集 tidyverse，从数据的读取、整理和可视化 3 个方面介绍了工具集中的各种程序包，包括 readr、purrr、forcats、lubridate、stringr、tibble、dplyr、tidyr、ggplot2 等。

第 5 章介绍探索性数据分析中的基本内容，并给出了 R 语言的实现方法，同时还介绍了一系列探索性数据分析工具包，包括 vtree、skimr 和 naniar。

第 6 章介绍特征工程的基本概念，从特征修饰、特征构造和特征筛选 3 个方面展开讲解，并给出了 R 语言中的实现方法。

第 7 章介绍重采样方法，分别针对模型评估和类失衡两种情况进行探讨，阐明了为何要使用重采样方法，以及如何使用不同的重采样方法（如交叉验证、自举法）来实现目的。

第 8 章介绍模型表现的衡量，分别基于回归模型和分类模型，列举了一般用哪些指标来对模型的效果进行衡量。

第 9 章介绍模型选择，首先对当前流行的机器学习算法进行了简要的介绍，然后介绍了在 R 环境中如何使用 mlr3 工具包来对其进行实现，并给出了一个实践案例进行演示。

第 10 章介绍参数调节，即在机器学习过程中如何选择最合适的超参数组合来提高模型表现，本章结合 mlr3 框架介绍了如何在 R 环境中使用不同的参数调节策略。

第 11 章介绍模型分析，旨在提高模型的可解释性，分别讲述了变量重要性评估、变量影响作用分析和基于个案的可加性归因方法。

第 12 章介绍了集成学习，首先对集成学习的 3 种常见策略（Bagging、Boosting 和 Stacking）进行了介绍，然后利用 caret 和 caretEnsemble 框架演示了如何在 R 语言中对集成学习进行实现。

第 13～16 章为实践案例，分别依托 caret、mlr、mlr3 和 tidymodels 这 4 个 R 语言中较为流行的机器学习工具包，按部就班地完成各项机器学习任务，旨在让读者将前面章节所学的知识融会贯通，提高实践应用能力。

目标读者

本书内容深入浅出，可供对机器学习感兴趣的读者自学，有助于其快速了解机器学习的基础知识，并使用 R 语言系统化地完成一系列机器学习任务。此外，本书结合机器学习主题展示了 R 语言的丰富特性和强大魅力，适合对 R 语言感兴趣的读者学习参考。

配套资源

本书提供配套的案例数据和相关代码，希望能够帮助读者更好地复现书中的实例并掌握相关知识点，上述资源可以从异步社区免费下载。

资源与支持

资源获取

本书提供如下资源：

- 本书源代码、案例数据；
- 配套彩图文件；
- 本书思维导图；
- 异步社区 7 天 VIP 会员。

要获得以上资源，您可以扫描下方二维码，根据指引领取。

提交错误信息

作者和编辑虽已尽最大努力来确保书中内容的准确性，但难免会存在疏漏。欢迎您将发现的问题反馈给我们，帮助我们提升图书的质量。

当您发现错误时，请登录异步社区（https://www.epubit.com），按书名搜索，进入本书页面，单击“发表勘误”，输入错误信息，单击“提交勘误”按钮即可（见右图）。本书的作者和编辑会对您提交的错误信息进行审核，确认并接受后，您将获赠异步社区的 100 积分。

与我们联系

我们的联系邮箱是 contact@epubit.com.cn。

如果您对本书有任何疑问或建议，请您发邮件给我们，并请在邮件标题中注明本书书名，以便我们更高效地做出反馈。

如果您有兴趣出版图书、录制教学视频，或者参与图书翻译、技术审校等工作，可以发邮件给本书的责任编辑（hujunying@ptpress.com.cn）。

如果您所在的学校、培训机构或企业，想批量购买本书或异步社区出版的其他图书，也可以发邮件给我们。

如果您在网上发现有针对异步社区出品图书的各种形式的盗版行为，包括对图书全部或部分内容的非授权传播，请您将怀疑有侵权行为的链接发邮件给我们。您的这一举动是对作者权益的保护，也是我们持续为您提供有价值的内容的动力之源。

关于异步社区和异步图书

“异步社区”是由人民邮电出版社创办的 IT 专业图书社区，于 2015 年 8 月上线运营，致力于优质内容的出版和分享，为读者提供高品质的学习内容，为作译者提供专业的出版服务，实现作者与读者在线交流互动，以及传统出版与数字出版的融合发展。

“异步图书”是异步社区策划出版的精品 IT 图书的品牌，依托于人民邮电出版社在计算机图书领域的发展与积淀。异步图书面向 IT 行业以及各行业使用 IT 的用户。

目　　录

第 1 章　机器学习概论

在大数据时代，机器学习渗透到了人们工作和生活的方方面面，从垃圾邮件自动识别到电商平台定向推荐，从人脸身份识别到天气预报预警，它们都是机器学习的重要应用。本章将从初学者的视角对机器学习进行循序渐进的介绍，让读者快速了解机器学习的核心概念。

1.1　机器学习的概念

机器学习是人工智能的一个分支科学，涉及概率论、统计学、逼近论、凸分析、计算复杂性理论等多门学科，是一门多领域交叉学科。通俗地讲，机器学习就是利用计算机来对人的学习行为进行实现，从而获得关键认知或预测未来。要理解机器学习，需要先了解传统的人工智能方法，它近似于形式逻辑中的三段论推理（包含大前提、小前提和结论三部分）。我们举个简单的物理学例子来说明。在物理学中，欧姆定律是指在同一电路中，通过某段导体的电流跟这段导体两端的电压成正比，跟这段导体的电阻成反比。简单地用公式来表达就是：$I = U/R$。其中，I 表示电流，U 表示电压，R 表示电阻。如果我们已经知道了欧姆定律这个规则（大前提），又知道电压和电阻分别为 3V 和 3Ω（小前提），那么我们就可以获得电流 I = 3V/3Ω = 1A 的结论（V、Ω、A 分别为电压、电阻和电流的单位，中文称为伏特、欧姆和安培）。这个过程可以用图 1-1 表示。

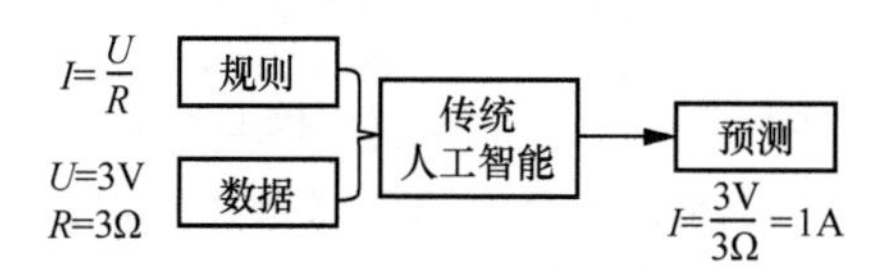

图 1-1　传统人工智能模式

我们当前所讨论的机器学习，则是从数据出发去获知规则的过程。在获得规则之后，再通过这个规则对新的数据进行预测。还以欧姆定律为例，但是这次我们并不知道欧姆定律，我们只知道在同一电阻下，施加不同的电压，会产生不同的电流，如 U=5V，I=5A；U=4V，I=4A；U=3V，I=3A。我们希望知道，当 U=6V 的时候，I 应该是多少。这就是一个典型的机器学习问题。这个过程可以通过图 1-2 进行表示。总的来说，机器学习就是利用数据训练获得规则，然后再把规则应用到新场景（新数据）的过程。

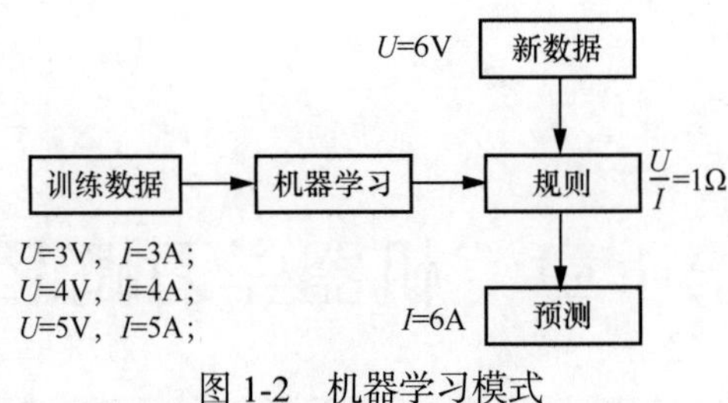

图 1-2　机器学习模式

1.2　机器学习的意义

机器学习的意义大体可以分为以下两种：

- 理解事物发展的道理；
- 对未来的状况进行预测。

两者是辩证统一的，但是在实践中却往往有所偏向，因此可以将机器学习分为可解释型（interpretable）和可预测型（predictable）。下面我们对这两种类型进行说明。

- 可解释型机器学习。英国统计学家 George Box 曾经说过一句至理名言，即“所有模型都是错误的，但是其中一些是有用的”（All models are wrong, but some are useful）。因为现实中，不同因素之间的关系是错综复杂的，因此在现实中往往很难提炼出理想的模型。尽管如此，通过机器学习来建立统计模型，依旧能够帮助我们更好地理解事物之间的关系。举例来说，一个城市的 PM 2.5 值可能受到多个因素的影响，包括气温、风力、降水、城市建筑的结构等。我们可能无法单纯用这些解释性因子来构建一个可完美预测 PM 2.5 值的模型，但是通过机器学习我们能够知道哪些影响因素可能起到主导作用，而哪些因素相关性不大。
- 可预测型机器学习。在实践中，有很多预测性高的模型属于“黑箱模型”（Black Box Model），如神经网络模型、SVM 模型等。尽管我们可以看到这些模型的参数，但我们很难直接利用这个模型对一个过程背后的发生机制进行详尽的解释。这些模型往往把预测精度放在第一位，而暂时忽略其可解释性。举例来说，我们可以选取上百个与股票价格有关的特征，然后通过深度学习的方法获得一个复杂的模型，从而对未来的股价进行预测。尽管这个模型极其复杂，以至于我们无法理解它为什么如此有效。但是它对未来股价的预测要比其他模型都好，因此在金融行业高频交易的场景中能够得到应用。

根据上面的介绍，我们可以发现，在可预测型机器学习中，应用价值往往高于理解本身。而在可解释型机器学习中，探明事物发展的机理高于一切，否则没有任何意义。在理想的状态下，两者应该是统一的，也就是机器学习获得的模型既具有高度的可解释性，又具有精确的预测性，这是机器学习领域的一个重要课题。

1.3 机器学习的种类

当我们遇到一个机器学习任务的时候，首先要对其任务类型进行判别，然后才能选择正确的方法来解决问题。总的来说，机器学习可以根据其有无明确的响应变量（也称因变量）分为三大类，即有监督学习（有响应变量）、无监督学习（无响应变量）和半监督学习（部分包含响应变量），如图 1-3 所示。例如我们要分辨一个邮件是否为垃圾邮件，如果我们已经有标注好的邮件信息（即已经知道哪些邮件是垃圾邮件，哪些是非垃圾邮件），那么这就是一个有监督的问题。如果我们单纯要根据邮件的内容长短（但没有预知信息）来给邮件分类，例如分为长文本邮件和短文本邮件，那么这就是一个无监督问题。一种特殊的情况是半监督学习，它是在标注信息有限的情况下，人工先对部分样本进行标注，然后利用已经标注好的样本进行训练，得到一个有监督学习的模型。然后利用这个模型对未知样本进行预测，从而自动化获得标注信息，最后依赖所有的样本及其标注信息，再次训练样本获得一个新的模型。

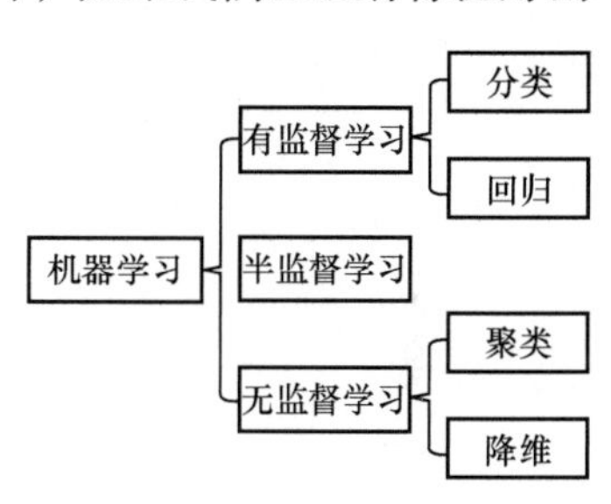

图 1-3 机器学习的种类

至于有监督学习和无监督学习，又可以继续细分。在有监督学习中，根据响应变量是连续变量还是离散变量，可以分为分类和回归两种。当响应变量为离散变量时，称为分类任务。例如银行会根据客户的一些基本材料判断其是否违约，那么是违约还是不违约，共计两种情况，就是典型的分类任务。当响应变量为连续变量时，我们称之为回归任务（这是广义的概念，不同于狭义的基于最小二乘法的回归模型）。例如我们想要预测每一天的气温，而气温是一个离散型随机变量，有无数种可能，因此它属于回归任务。无监督学习可以分为聚类和降维两类任务。其中，聚类是指在没有先验知识的情况下，基于一定的标准对样本进行划分。例如商业领域分析用户画像的时候，就可以根据用户的消费频次、消费金额和最近消费时间给用户进行聚类，从而筛选出具有价值的重要客户，并对他们予以更多的关注。另外，降维任务是指在高维数据中把冗余信息剔除，把重要的变量筛选出来或利用较少变量来对数据进行表征。例如特征中可能存在严重的共线性（变量之间存在较强的相关性），那么就可以剔除一些常数变量（在所有样本中都是同一数值的变量）。其他常用的降维方法还有 PCA、SVD 等。

1.4 机器学习基本流程

狭义的机器学习往往强调模型的训练，但实际上机器学习是一个系统工程，是一个从数据到模型，再从模型到应用的全过程。图 1-4 所示的是一个经典的机器学习工作流。数据科学家首先需要对业务问题进行定义，然后采集相关的数据，从数据和业务背景两点出发来对数据进行预处理。在预处理的过程中，我们需要对不合格的数据进行剔除或修复（数据清洗），同时可以根据业务需要构造新的特征或者剔除无用特征（特征工程）。在预处理之后，我们会得到结构化的数据集，在这个基础上我们可以进行模型的训练。通常我们会把数据划分为训练集和验证集，在训练集中进行模型的训练，然后在验证集中进行验证。这个过程往往会尝试多个不同的算法，同时对于特定的算法会不断进行参数的调整，经过反复的迭代得到最优模型。最后，获得的最优模型会放在实际的场景中进行验证，然后再部署到一线业务中。在本书后面的内容中，我们将会对这个基本流程进行更为深入的介绍，通过实际的应用案例进行演示，并附上相关的 R 语言实现代码。

图 1-4　机器学习工作流

第 2 章　R 语言综合基础

R 语言是一种用于统计计算和图形可视化的编程语言，于 20 世纪 80 年代由新西兰奥克兰大学的 Robert Gentleman 和 Ross Ihaka 两人开发，后续有更多志愿者加入开发并维护。本书中的所有机器学习任务都通过 R 语言进行实现，因此本章希望读者可以快速熟悉 R 语言中的基本概念，夯实知识框架，从而为后面的学习内容打下扎实的基础。

2.1　简易环境配置

要下载 R 软件，可以登录 R 软件官方网站，选择一个与自身所在地接近的镜像进行安装（见图 2-1）。然后根据自身计算机所用的系统，下载相关的 R 软件套件（见图 2-2）。以 Windows 系统为例，单击相关链接后，会弹出新的界面（见图 2-3），找到 install R for the first time 的链接，单击即可下载。

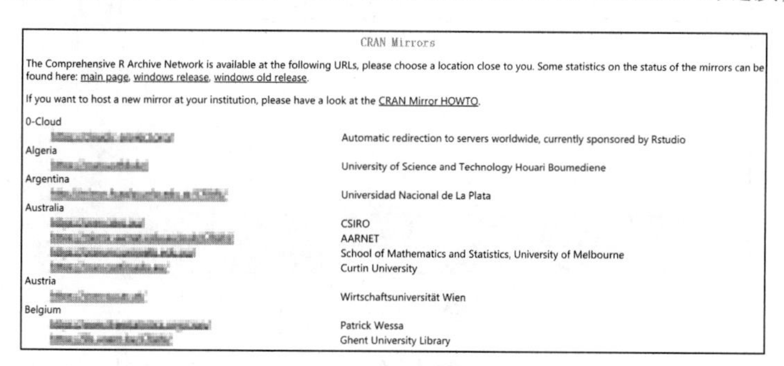

图 2-1　CRAN 镜像网页

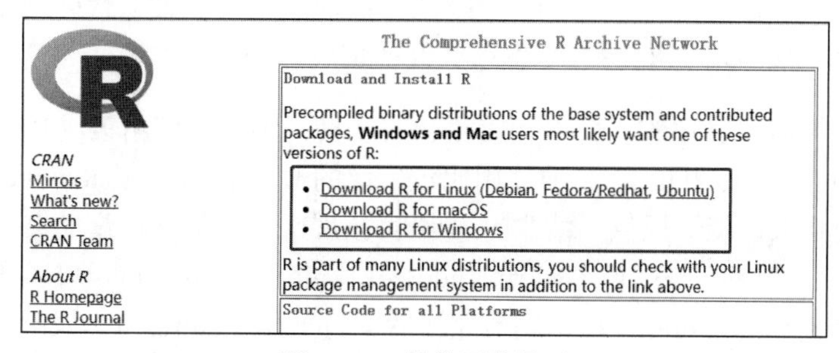

图 2-2　R 软件下载界面

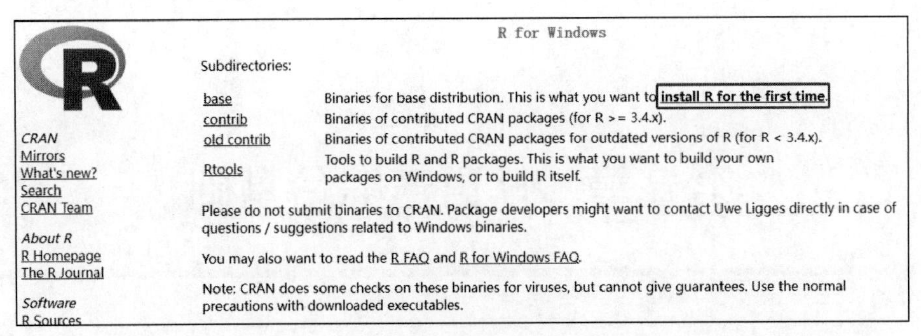

图 2-3 Windows 系统下 R 软件的下载

下载之后，打开安装包，然后按照向导进行安装即可。一般而言，把 R 软件安装在纯英文的路径下可以减少后续不必要的报错。安装过后打开软件，可以看到图 2-4 所示的脚本对话框界面。

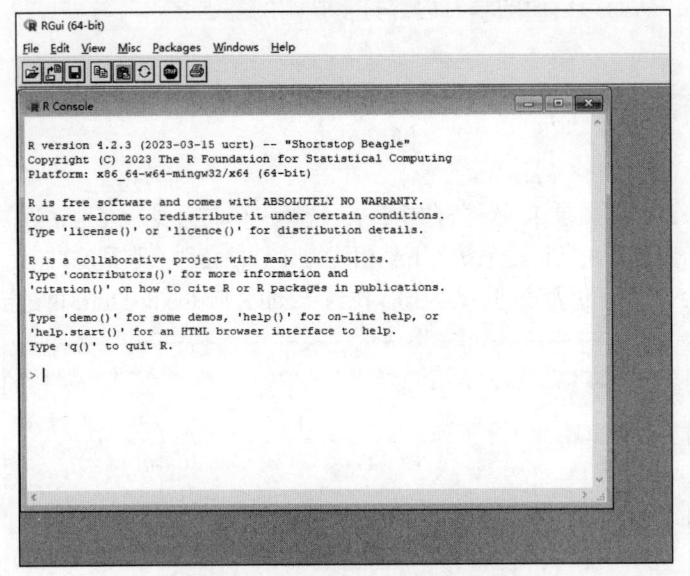

图 2-4 R 软件的脚本对话框界面

对于初学者而言，推荐直接使用 R 软件来进行代码尝试。R 软件中有相应的脚本编辑器可以用，如图 2-5 所示。在打开的编辑器中，可以使用 Ctrl + R 组合键对代码进行逐行运行，使用 Ctrl + S 组合键则可以对脚本进行保存（保存文件的扩展名为.R）。

在入门后，如果需要管理较多脚本和较复杂的项目，则推荐使用集成开发环境（Integrated Development Environment，IDE）。目前使用比较广泛的 R 语言 IDE 是 Rstudio。Rstudio 不仅免费易用，而且功能强大，能够提供一站式的 R 语言拓展服务，如显示帮助文档和图片、自动代码补全等，同时内部支持其他 R 包（如 rmarkdown、knitr 等）。Rstudio 可以在其官方网站中下载，普通用户选择免费的桌面版即可。安装完毕后，打开 Rstudio，可以发现它大致可以分为 4 个模块，如图 2-6 所示。其中，在左上角部分可以进行脚本的编写，并可以将脚本保存为以.R

为扩展名的文件，具有自动代码补全功能，并且支持逐行运行（Ctrl + Enter）、复制（Ctrl + C）、粘贴（Ctrl + V）、撤销（Ctrl + Z）、保存（Ctrl + S）等组合键，非常方便。右上角部分为控制台，它相当于直接打开 R 软件的命令行对话框。左下角部分可以看到环境里面的变量，除此之外它还包括运行历史等其他选项卡。右下角则有包括文件路径、绘图展示、帮助文档等选项卡。

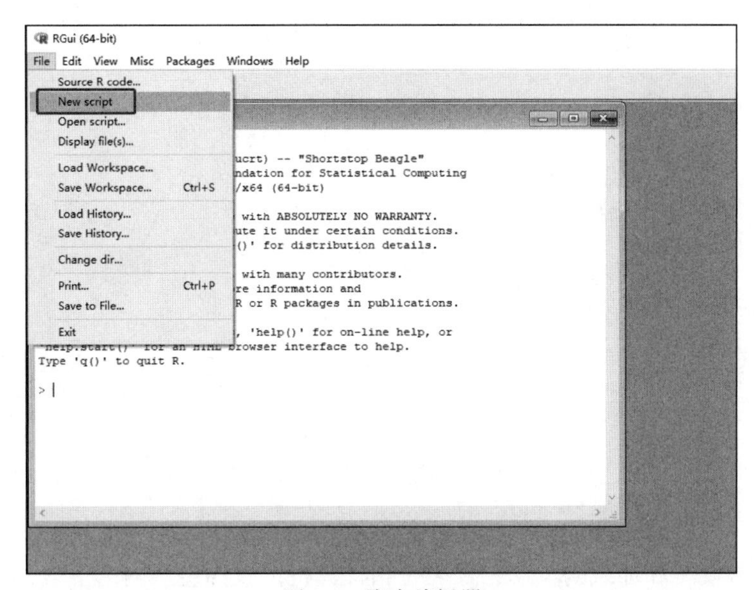

图 2-5 脚本编辑器

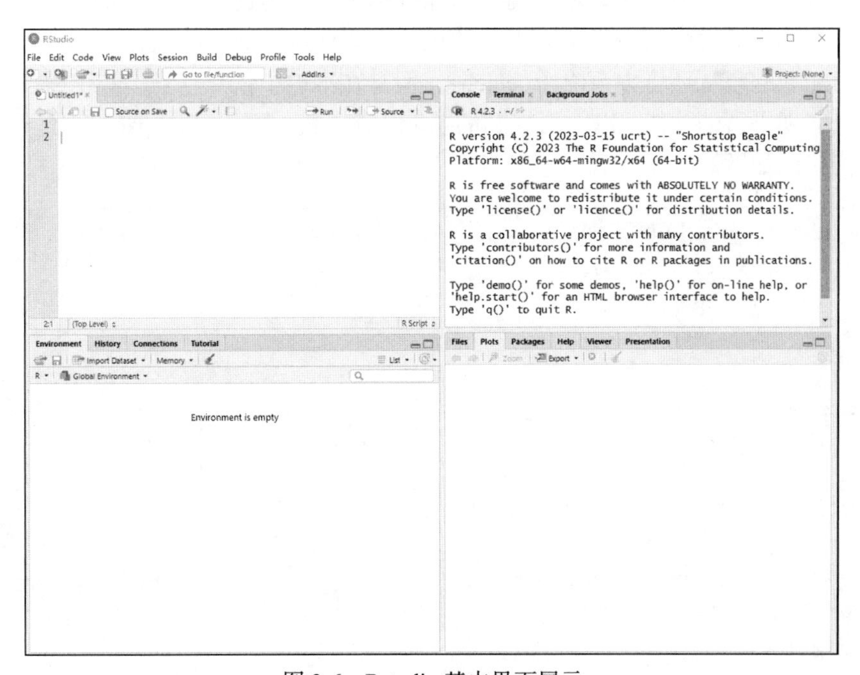

图 2-6 Rstudio 基本界面展示

R语言的繁盛很大程度得益于其社区的开发者无私地分享代码，从而让数据科学实现的门槛大大降低。在R语言中有一系列的函数可以完成对包的管理，下面以tidyfst包为例进行说明。

```
# 安装包
install.packages("tidyfst")

# 加载包
library(tidyfst)

# 卸载包
remove.packages("tidyfst")

# 如果没有安装，就安装；否则，先安装再进行加载
if(!require(tidyfst)){
  install.packages("tidyfst")
  library(tidyfst)
}

# 清除包
detach("package:tidyfst")
```

这里需要区分安装和加载的概念，安装是指计算机把软件包从网络下载到本地并编译的过程（install.packages），这个过程必须联网；而加载则是把本地已经安装好的软件包加载到环境中去（library）。卸载的过程就是把联网下载的包从本地移除（remove.packages），而清除包的概念则是把已经加载的包从环境中清除（detach），但是在本地中依然存在。在R语言中，有各种各样的包可以实现丰富的功能。以上面提到的功能为例，我们可以使用pacman包进行更加便捷的实现。示例代码如下：

```
if(!require(pacman)){
  install.packages("pacman")
  library(pacman)
}

# 安装包
p_install(tidyfst)

# 加载包
p_load(tidyfst)

# 卸载包
p_delete(tidyfst)
```

```
# 如果没有安装，就安装；否则，先安装再进行加载
p_load(tidyfst)

# 清除包
p_unload(tidyfst)
```

2.2 编程保留符号

作为一种编程语言，R 语言最初的设计是希望完成统计计算。因此，我们在 R 语言中可以轻易地完成四则运算，其加减乘除的符号分别为+、-、*、/。也正因为如此，我们在编程的时候不能把这些保留符号作为变量的名称，如 a-1，会被记为 a 减去 1，无法被当作一个独立整体。R 语言中的保留符号有很多，这里我们列举一些常见的运算符，以供参考（见表 2-1）。

表 2-1 R 语言的基本运算符

运算符	含义	例子
+	加	1 + 1
-	减	3 - 2
*	乘	3 * 2
/	除	9 / 3
^(**)	乘方	2^3 (2**3)
%%	取余	5 %% 2
%/%	取整	5 %/% 2

除了运算符，重要的保留符号还包括赋值符号。由于赋值符号较为常用，所以这里需要对赋值符号进行详细介绍。一般而言，在 R 语言中可以使用等号（=）和箭头（<-和->）作为赋值符号。这些符号也是保留字符，不能作为变量名的一部分出现。需要注意的是，等号是把其右边的部分赋值给左边，而箭头则是把计算内容赋值为箭头指向的变量（即“a=1”“a <- 1”和“1 -> a”三者等价）。有时候应该尽量避免使用<-，因为它有可能产生歧义。例如，a<-1既可以理解为把 1 赋值给变量 a，也可以理解为判断 a 是否小于-1。一般而言，我们在赋值符号的左右两端最好附上空格，这样有利于避免歧义。

2.3 基本数据类型

R 语言是面向数据科学的编程语言，它支持多种数据类型，而且还可以根据用户的需要来定义新的数据类型。这里，我们介绍比较基本的数据类型，即数值型、逻辑型、字符型和因子型。

2.3.1 数值型

数值型数据是最常见的数据，如 12345、99999 等。我们可以使用 class 函数来探查数据的类型：

```
class(12345)
## [1] "numeric"
```

实际上，数值型数据还可以分为两种类型，即整数型（integer）和双精度型（double）。一般在 R 语言中输入数字，会被自动认为双精度型。我们可以使用 typeof 函数进行查看：

```
typeof(1)
## [1] "double"
typeof(1.0)
## [1] "double"
```

两者都被识别为双精度类型，如果需要声明使用的数据是整数型，那么需要在数值后面加上 L：

```
typeof(1L)
## [1] "integer"
```

2.3.2 逻辑型

逻辑型数据是用于进行条件判断的数据类型，只有两种数值，即真（TRUE）和假（FALSE），在 R 语言中分别可以使用 T 和 F 表示。要获得逻辑值，可以使用比较的操作符，如大于（>）、大于或等于（>=）、小于（<）、小于或等于（<=）、等于（==）、不等于（!=）。下面用代码进行演示：

```
1 > 0
## [1] TRUE
1 > 3
## [1] FALSE
2 == 2
## [1] TRUE
2 != 2
## [1] FALSE
4 <= 5
## [1] TRUE
```

逻辑型数据是 if 语句接收条件的数据类型，在 R 语言中用途非常广泛。可以使用 class 函数来查其数据类型：

```
class(1 > 0)
## [1] "logical"
```

可以看到，显示的是逻辑型数据（logical）。需要进行特别声明的是，在 R 语言中缺失值（NA）的数据类型也被归为逻辑型数据，在做分析的时候需要特别注意：

```
class(NA)
## [1] "logical"
```

2.3.3 字符型

所有文本类型的数据都属于字符型，如“abc”“复旦大学”，在 R 语言中需要在前后附上双引号或单引号进行定义。查看其数据类型：

```
class("abc")
## [1] "character"
class("复旦大学")
## [1] "character"
```

可以看到，它们都属于字符型（character）。字符型数据也可以相互比较，一般而言我们可以使用“==”或“!=”符号来判断两个文本是不是完全一致：

```
"hope" == "hope"
## [1] TRUE
"hope" != "Hope"
## [1] TRUE
```

2.3.4 因子型

因子型数据是 R 语言中非常特殊的一种数据类型，它可以被视为把字符型数据以数值型保存的特殊格式：

```
# 利用 factor 函数创造因子变量
a = factor("男")
a
## [1] 男
## Levels: 男
class(a)
## [1] "factor"
```

由于字符型数据往往占用内存较大，如果有很多重复的字符，那么利用数字来对字符进行标记，然后直接保存数值、数值与字符的对应关系，这样就可以节省内存。这提高了计算性能，但是也给分析带来了一些麻烦，需要额外注意。这里，我们使用 as 系列函数来进行强制类型转换，看看因子变量的字符形态和数值形态分别是什么：

```
as.numeric(a)
## [1] 1
as.character(a)
## [1] "男"
```

我们可以看到，其数值由 1 来记录，而所记录的字符则为“男”。

2.3.5　类型判断与转换

数据类型的判断和转换可以分别使用 is 系列函数和 as 系列函数进行实现。例如，我们要判断一个数据是否为数值型，就可以使用 is.numeric 函数进行实现：

```
is.numeric(12345)
## [1] TRUE
is.numeric("hello")
## [1] FALSE
```

可以看到，返回的数据是逻辑型，告诉用户这个变量是否属于数值型。在 2.3.4 节中，我们尝试对因子变量进行数据类型的转换，但实际上不是所有数据都可以相互转换的。例如数值型数据都可以转换为字符型，但是字符型的变量却不能够直接转换为数值型（会返回缺失值 NA，并输出警告）：

```
as.character(12345)
## [1] "12345"
as.numeric("hello")
## Warning: NAs introduced by coercion
## [1] NA
```

2.4　常用数据结构

数据结构指的是数据的组织形式，在 R 语言中常见的数据结构包括向量、矩阵、列表和数据框等。以下对它们进行简要的介绍。

2.4.1　向量

向量就是同质数据构成的序列，这里讲的“同质”指的是所包含的数据类型必须是一致的。在 R 语言中可以利用函数 c()来进行定义：

```
c(1,3,4)
## [1] 1 3 4
c("你","我","他")
```

```
## [1] "你" "我" "他"
```

可以使用 length 函数来获得向量的长度：

```
length(c(1,3,4))
## [1] 3
```

可以使用 is.vector 来判断一个变量是否为一个向量：

```
is.vector(c(1,3,4))
## [1] TRUE
```

2.4.2 矩阵

矩阵是由同质数据构成的二维数组，在 R 语言中可以利用 matrix 函数来对其进行创建。创建的时候，可以先构建一个向量，然后对矩阵的行列数进行声明，这样就可以获得一个按照一定的排列顺序组成的矩阵：

```
matrix(1:9,nrow = 3,ncol = 3)
##      [,1] [,2] [,3]
## [1,]    1    4    7
## [2,]    2    5    8
## [3,]    3    6    9
```

上面的 1:9 表示的是 1 到 9 的所有正整数，而 nrow 和 ncol 参数则指明我们需要 3 行 3 列的矩阵。实际上，定义一个参数也可，也就是我们还可以这样去定义：

```
matrix(1:9,nrow = 3)
##      [,1] [,2] [,3]
## [1,]    1    4    7
## [2,]    2    5    8
## [3,]    3    6    9
matrix(1:9,ncol = 3)
##      [,1] [,2] [,3]
## [1,]    1    4    7
## [2,]    2    5    8
## [3,]    3    6    9
```

使用 dim 函数可以知道矩阵一共有几行几列：

```
a = matrix(1:12,ncol = 3)
dim(a)
## [1] 4 3
```

根据结果，变量 a 是一个 4 行 3 列的矩阵。可以使用 is.matrix 函数来判断一个变量是否为矩阵：

```
is.matrix(a)
## [1] TRUE
```

2.4.3　列表

列表是 R 语言中最为灵活的数据结构，它是任意 R 对象的有序集合，可以容纳任意数据类型：

```
a = list(3,TRUE,"hello")
a
## [[1]]
## [1] 3
##
## [[2]]
## [1] TRUE
##
## [[3]]
## [1] "hello"
```

可以使用 `length` 函数来观察其长度：

```
length(a)
## [1] 3
```

同样，我们可以使用 `is.list` 函数来判断一个变量是否为一个列表：

```
is.list(a)
## [1] TRUE
```

2.4.4　数据框

数据框是一种特殊的二维数据结构。同为二维数据结构，与矩阵不同的是，它的每一列可以视为一个向量，而每一行则可以视为一个列表。因此在一个数据框中可以有不同的属性（以列的形式存在），每一行则代表着一个观测实体。我们可以对 R 语言自带数据集 `iris` 进行观察，看看它每一列分别是什么数据类型：

```
library(pacman)
p_load(tidyfst)
as_dt(iris)
##      Sepal.Length Sepal.Width Petal.Length Petal.Width   Species
##             <num>       <num>        <num>       <num>    <fctr>
##   1:          5.1         3.5          1.4         0.2    setosa
##   2:          4.9         3.0          1.4         0.2    setosa
```

```
##    3:          4.7          3.2          1.3          0.2    setosa
##    4:          4.6          3.1          1.5          0.2    setosa
##    5:          5.0          3.6          1.4          0.2    setosa
##  ---
## 146:          6.7          3.0          5.2          2.3 virginica
## 147:          6.3          2.5          5.0          1.9 virginica
## 148:          6.5          3.0          5.2          2.0 virginica
## 149:          6.2          3.4          5.4          2.3 virginica
## 150:          5.9          3.0          5.1          1.8 virginica
```

在这里，我们利用了 tidyfst 包的 `as_dt` 函数，把 iris 转换为 data.table 格式，然后在 tidyfst 包环境下自动显示数据类型。我们可以看到，前 4 列都是数值型变量（num 是 numeric 的缩写），而最后一列则是因子型（fct 是 factor 的缩写）。如果需要知道数据框有几行几列，依然可以使用 `dim` 函数进行实现：

```
dim(iris)
## [1] 150   5
```

同时，可以利用 `is.data.frame` 函数来判断一个变量是否为数据框：

```
is.data.frame(iris)
## [1] TRUE
```

2.5 程序流程控制

1996 年，计算机科学家 Bohm 和 Jacopini 证明了任何简单或复杂的算法都可以由顺序结构、选择结构和循环结构这三种基本结构组合而成。其中，顺序结构的概念最为简单，即代码的执行顺序是自上而下依次执行的。而选择结构和循环结构则相对来说复杂一些，需要利用具体的函数来实现，这里进行展开说明。

2.5.1 选择结构

选择结构就是对于给定的条件来判断现实结果是否满足这个条件，并根据判断的结果来执行不同的程序流程。在 R 语言中，可以使用 `if` 语句来完成这个过程：

```
a = 2
if(a > 1) print("a > 1")
## [1] "a > 1"
```

上面这行代码的含义是，如果 `a` 大于 `1`，那么就打印 `1 > 0`。当然，在后面我们还可以加上 else 语句，那么在条件不符合的时候，就可以执行其他选项：

```
a = 1
if(a > 1) print("a > 1") else print("a <= 1")
## [1] "a <= 1"
```

一般来说，在只有一条执行语句的时候，我们不需要写花括号。但是如果需要执行多个语句，则需要加上花括号。保险起见，应该在所有 if 语句和 else 语句之后都加上花括号，这能够保证代码不会出问题：

```
if(a > 1){
  print("a > 1")
}else{
  print("a <= 1")
}
## [1] "a <= 1"
```

此外，还可以利用 ifelse 函数来进行判断执行：

```
ifelse(a > 1,"a > 1","a <= 1")
## [1] "a <= 1"
```

在 ifelse 函数中，如果满足第一个条件，那么执行第一项；否则，执行第二项。

2.5.2　循环结构

在执行代码的时候，有时候需要反复实现某一个相同的功能，这就需要使用循环结构。在R语言中，最为常见的循环是 for 循环和 while 循环。其中，for 循环就是对向量中的每一个值进行遍历，例如：

```
for(i in 1:5) {
  print(i)
}
## [1] 1
## [1] 2
## [1] 3
## [1] 4
## [1] 5
```

上面这串代码，就是对 1:5 这个向量进行了遍历，即打印从1到5所有的正整数。一般来说，循环的内容放在花括号内，这样做容错性较高。另一种循环是 while 循环，只要满足一定条件，它就会一直执行下去；当条件不满足的时候，则会结束循环。下面，我们用 while 循环来重写一下上面用 for 循环实现的打印功能：

```
i = 1
```

```
while(i < 6){
  print(i)
  i = i + 1
}
## [1] 1
## [1] 2
## [1] 3
## [1] 4
## [1] 5
```

可以看到，我们首先在第一行初始化了 i 遍历，让它等于 1，然后当 i 小于 6 的时候，就对 i 进行打印，并在每一次循环中让 i 再增加 1（在程序中，是让本身加一复制给原来的变量，即 i = i + 1）。此外，还有一种特殊的循环模式叫作 repeat，它相当于 while(1){…}。也就是说，这个循环如果没有内置的停止机制，就会一直运行下去，可以在里面附加条件语句来终止运行。我们还是以上面的打印功能为例进行编码：

```
i = 1
repeat{
  print(i)
  i = i + 1
  if(i >= 6) break
}
## [1] 1
## [1] 2
## [1] 3
## [1] 4
## [1] 5
```

这里，我们依然要对 i 进行初始化，然后在每次循环中对 i 进行判断，如果 i 大于或等于 6，则跳出循环（使用 break 语句）。有时，我们希望跳过某一个循环，例如在 i 等于 3 的时候，我们不要打印。这时候就可以使用 next 语句，实现方法如下：

```
for (i in 1:5) {
  if(i == 3) next
  print(i)
}
## [1] 1
## [1] 2
## [1] 4
## [1] 5
```

在上面的代码中，我们用 if 对 i 变量进行判断，如果 i 等于 3，则直接跳过这次循环（使用 next 语句）。

2.6 函数使用技巧

在 R 语言的世界里，函数无处不在。举一个例子，我们在之前内容中使用过的“1:5”代表从 1 到 5 的正整数，而这个“:”符号实际上是一个函数。我们可以使用帮助文档进行查询：

```
?`:`
```

由于它是特殊符号，因此需要用上标（`）括起来进行查询。在 R 语言中，如果想查询某一个函数的文档，在前面加问号即可。例如 mean 函数可以求一个数值向量的均值，我们可以这样查询其帮助文档：

```
?mean
```

一般而言，当你反复用到某一个功能的时候，就应该考虑写一个函数对其进行实现，这样可以通过代码重用来节省时间，从而提高效率。我们来进行一个简单的演示，定义一个名为 add_one 的函数，它能够接收一个数值，然后返回它加 1 之后的数值：

```
add_one = function(x){
  x + 1
}
add_one(3)
## [1] 4
```

我们可以看到，首先我们利用 function 函数来定义一个函数，括号内的 x 表示函数接收的参数，花括号内是函数的主体，它返回参数加 1 之后的数值。我们把整个部分赋值给 add_one 这个函数名称，在定义之后我们就可以进行调用了。如果我们把 3 作为参数传递进去，那么结果就会返回 4。在所有的 R 函数中，我们会把函数的最后一个执行结果作为函数的返回值。此外，我们也可以使用 return 函数显式地返回一个值，方法如下：

```
add_one = function(x){
  return(x + 1)
}
```

4.0.0 版本以后的 R 语言支持函数的便捷写法，可以使用一个反斜杠（\）来代表函数（function）。也就是说，我们可以这样定义一个函数：

```
add_one = \(x){
  return(x + 1)
}
```

尽管这种写法带来了一些便利，不过在实际应用中，使用 function 这种写法会更加规范。

第 3 章　高效数据操作

数据操作是 R 语言的一大优势，用户可以利用基本包或者拓展包在 R 语言中进行复杂的数据操作，包括排序、更新、分组汇总等。新一代的 R 程序包不仅易读易写，而且快速高效，非常适合用来处理规模较大的数据。考虑到机器学习往往需要对大量的数据进行训练，本章内容将主要介绍 data.table 和 tidyfst 两个扩展包，并根据任务结合其他 R 包资源，对如何在 R 语言中实现灵活高效的数据操作进行讲解。

3.1　R 数据操作包简介

data.table 是当前 R 中处理数据最快的工具，可以实现快速的数据汇总、连接、删除、分组计算等操作，具有稳定、速度快、省内存、特性丰富、语法简洁等特点。尽管如此，由于其函数语法结构相对来说较为抽象，对于初学者而言往往需要花更多的时间来掌握。tidyfst 包应运而生，用以提高 data.table 代码的可读性和可维护性。tidyfst 包参考了 tidyverse 体系的语法结构，让用户能够见名知义；同时，其底层由 data.table 代码构成，因此实现速度非常快。此外，对于较为复杂的 data.table 操作，tidyfst 包提供了简便的调用函数进行实现。鉴于机器学习往往需要大量的训练样本，因此本书会以 data.table 包和 tidyfst 包作为主要的数据操作工具来对常用的数据操作进行介绍。用下面的代码可以对这两个包进行安装并加载：

```
library(pacman)
p_load(tidyfst,data.table)
```

需要特别注意的是，data.table 有很多原位操作，这些操作会改变原始的数据框。这个特性在一些情况下提高了内存管理效率，但是也引入了很多不稳定因素，让用户不知道原始数据框已经发生了变化。因此，本章的操作会避免使用该特性。对这部分内容感兴趣的读者，可以参考官方文档进行学习。

3.2　数据读写

在分析之前，我们必须先把数据读入 R 环境中；在数据分析之后，常常需要把数据保存在文件中。二维数据表在 R 语言中是以 data.frame 形式存在的，我们常常把这样的数据结构保存为 csv 文件（逗号分隔符文件），因为它比较通用，可以在各个软件平台中操作。在 data.table 包中可以使用 `fread` 和 `fwrite` 函数对 csv 格式的文件进行读写。举例来说，例如我们要把内置的 iris 数据框放在 D 盘根目录下，可以这样操作：

```
fwrite(iris,"D:/iris.csv")
```

如果要把文件重新读入 R 环境，实现代码如下：

```
ir = fread("D:/iris.csv")
```

这样，我们就把文件读入 R 环境的 `ir` 变量中。如果需要保存规模较大的数据，可以使用 tidyfst 包的 `import_fst` 和 `export_fst` 函数来进行数据读写，其数据保存格式为以 fst 为扩展名的二进制文件。它的特点就是数据高保真、读写速度快和压缩效果好，因此保存下来的 fst 文件往往要比 csv 格式占用内存更小。还是以上面的 iris 数据集为例，其文件读写代码如下：

```
# 导出
export_fst(iris,"D:/iris.fst")
# 导入
ir = import_fst("D:/iris.fst")
```

3.3　管道操作符

管道操作符（%>%）是由 magrittr 包提供的方便操作符，能够让数据在函数之间快速传递，避免中间变量的生成，从而减少内存的占用。同时，管道操作符让代码的逻辑更加清晰，让后期的排错也更加简便。一般而言，管道操作符会让之前生成的结果作为第一个参数传递到后面的函数中，即 `f(x)` 与 `x %>% f()` 是等价的。例如：

```
mean(1:3)
## [1] 2
# 等价于
1:3 %>% mean()
## [1] 2
```

有时，数据不是作为第一个参数传递到后面的函数，这时候就可以使用“.”作为前面数据的指代来放在后面的函数中，例如：

```
lm(Sepal.Length~Sepal.Width,data = iris)
##
## Call:
```

```
## lm(formula = Sepal.Length ~ Sepal.Width, data = iris)
##
## Coefficients:
## (Intercept)  Sepal.Width
##      6.5262      -0.2234
# 等价于
iris %>% lm(Sepal.Length~Sepal.Width,data = .)
##
## Call:
## lm(formula = Sepal.Length ~ Sepal.Width, data = .)
##
## Coefficients:
## (Intercept)  Sepal.Width
##      6.5262      -0.2234
```

本书的代码将广泛地使用管道操作符，以节省代码量并提高工作效率。

3.4 基本操作

本节将介绍数据框的基本操作，包括行列选择、更新、排序、分组操作等。这里会选用 tidyfst 和 `data.table` 作为主要的扩展包进行介绍，因此需要了解 `data.table` 这个数据结构。它本质上依然是数据框，但是又增添了许多新的特性。在加载了 `tidyfst` 包的环境下，`data.table` 能够显示每一列的数据类型，并有每一行的行号。以 `iris` 数据框为例，让我们把它转化为 `data.table`：

```
library(pacman)
p_load(tidyfst,data.table)
ir = as.data.table(iris)
ir
##      Sepal.Length Sepal.Width Petal.Length Petal.Width   Species
##             <num>       <num>        <num>       <num>    <fctr>
##   1:          5.1         3.5          1.4         0.2    setosa
##   2:          4.9         3.0          1.4         0.2    setosa
##   3:          4.7         3.2          1.3         0.2    setosa
##   4:          4.6         3.1          1.5         0.2    setosa
##   5:          5.0         3.6          1.4         0.2    setosa
##  ---
## 146:          6.7         3.0          5.2         2.3 virginica
## 147:          6.3         2.5          5.0         1.9 virginica
## 148:          6.5         3.0          5.2         2.0 virginica
## 149:          6.2         3.4          5.4         2.3 virginica
## 150:          5.9         3.0          5.1         1.8 virginica
```

当数据框行的数量过多的时候，data.table 只会显示数据起始和末尾的几行（一般为5行）。可以利用 print_options 函数对其进行设置，键入?print_options 进行查阅。在 tidyfst 中，函数可以处理任意数据框，然后输出 data.table 格式的数据。在下面的案例中，我们将同时给出 tidyfst 和 data.table 的实现，以供读者根据需要灵活取用便捷的工具。

3.4.1 筛选列

选列，即按照一定的规则选择需要的列。这个规则可以是列所在的位置，例如我们要选取上面构造的数据框 ir 中的第1、3和4列，可以这样进行实现：

```
# tidyfst
ir %>% select_dt(1,3,4)
##      Sepal.Length Petal.Length Petal.Width
##             <num>        <num>       <num>
##   1:          5.1          1.4         0.2
##   2:          4.9          1.4         0.2
##   3:          4.7          1.3         0.2
##   4:          4.6          1.5         0.2
##   5:          5.0          1.4         0.2
##  ---
## 146:          6.7          5.2         2.3
## 147:          6.3          5.0         1.9
## 148:          6.5          5.2         2.0
## 149:          6.2          5.4         2.3
## 150:          5.9          5.1         1.8
# 等价于
# data.table
ir[,c(1,3,4)]
##      Sepal.Length Petal.Length Petal.Width
##             <num>        <num>       <num>
##   1:          5.1          1.4         0.2
##   2:          4.9          1.4         0.2
##   3:          4.7          1.3         0.2
##   4:          4.6          1.5         0.2
##   5:          5.0          1.4         0.2
##  ---
## 146:          6.7          5.2         2.3
## 147:          6.3          5.0         1.9
## 148:          6.5          5.2         2.0
## 149:          6.2          5.4         2.3
## 150:          5.9          5.1         1.8
```

如果要选择连续的列，可以使用“:”符号。例如要选择1到3列，可以这样实现：

```
# tidyfst
ir %>% select_dt(1:3)
##      Sepal.Length Sepal.Width Petal.Length
##             <num>       <num>        <num>
##   1:          5.1         3.5          1.4
##   2:          4.9         3.0          1.4
##   3:          4.7         3.2          1.3
##   4:          4.6         3.1          1.5
##   5:          5.0         3.6          1.4
##  ---
## 146:          6.7         3.0          5.2
## 147:          6.3         2.5          5.0
## 148:          6.5         3.0          5.2
## 149:          6.2         3.4          5.4
## 150:          5.9         3.0          5.1
# 等价于
# data.table
ir[,1:3]
##      Sepal.Length Sepal.Width Petal.Length
##             <num>       <num>        <num>
##   1:          5.1         3.5          1.4
##   2:          4.9         3.0          1.4
##   3:          4.7         3.2          1.3
##   4:          4.6         3.1          1.5
##   5:          5.0         3.6          1.4
##  ---
## 146:          6.7         3.0          5.2
## 147:          6.3         2.5          5.0
## 148:          6.5         3.0          5.2
## 149:          6.2         3.4          5.4
## 150:          5.9         3.0          5.1
```

同时，我们可以根据变量名称来选择列，例如我们要选择 `Sepal.Length` 列，可以这样操作：

```
# tidyfst
ir %>% select_dt(Sepal.Length)
##      Sepal.Length
##             <num>
##   1:          5.1
##   2:          4.9
##   3:          4.7
##   4:          4.6
##   5:          5.0
```

```
##  ---
## 146:          6.7
## 147:          6.3
## 148:          6.5
## 149:          6.2
## 150:          5.9
# 等价于
# data.table
ir[,"Sepal.Length"]
##      Sepal.Length
##             <num>
##   1:          5.1
##   2:          4.9
##   3:          4.7
##   4:          4.6
##   5:          5.0
##  ---
## 146:          6.7
## 147:          6.3
## 148:          6.5
## 149:          6.2
## 150:          5.9
```

选择多列的话，变量名称之间需要用逗号隔开。例如，如果我们需要选择 Sepal.Length 和 Petal.Length 两列，可以利用以下代码实现：

```
# tidyfst
ir %>% select_dt(Sepal.Length,Petal.Length)
##      Sepal.Length Petal.Length
##             <num>        <num>
##   1:          5.1          1.4
##   2:          4.9          1.4
##   3:          4.7          1.3
##   4:          4.6          1.5
##   5:          5.0          1.4
##  ---
## 146:          6.7          5.2
## 147:          6.3          5.0
## 148:          6.5          5.2
## 149:          6.2          5.4
## 150:          5.9          5.1
# 等价于
# data.table
```

```
ir[,c("Sepal.Length","Petal.Length")]
##      Sepal.Length Petal.Length
##             <num>        <num>
##   1:          5.1          1.4
##   2:          4.9          1.4
##   3:          4.7          1.3
##   4:          4.6          1.5
##   5:          5.0          1.4
##  ---
## 146:          6.7          5.2
## 147:          6.3          5.0
## 148:          6.5          5.2
## 149:          6.2          5.4
## 150:          5.9          5.1
```

此外，我们还可以利用正则表达式来选择多列，例如我们要选择列名称包含“`Sepal`”的列，可以这样操作：

```
# tidyfst
ir %>% select_dt("Sepal")
##      Sepal.Length Sepal.Width
##             <num>       <num>
##   1:          5.1         3.5
##   2:          4.9         3.0
##   3:          4.7         3.2
##   4:          4.6         3.1
##   5:          5.0         3.6
##  ---
## 146:          6.7         3.0
## 147:          6.3         2.5
## 148:          6.5         3.0
## 149:          6.2         3.4
## 150:          5.9         3.0
# 等价于
# data.table
ir[,.SD,.SDcols = patterns("Sepal")]
##      Sepal.Length Sepal.Width
##             <num>       <num>
##   1:          5.1         3.5
##   2:          4.9         3.0
##   3:          4.7         3.2
##   4:          4.6         3.1
##   5:          5.0         3.6
```

```
## ---
## 146:          6.7          3.0
## 147:          6.3          2.5
## 148:          6.5          3.0
## 149:          6.2          3.4
## 150:          5.9          3.0
```

同时，我们还可以利用特殊函数来选择符合要求的列，例如如果我们要选择数据类型为因子的列，则可以利用 `is.factor` 函数实现：

```
# tidyfst
ir %>% select_dt(is.factor)
##        Species
##         <fctr>
##   1:    setosa
##   2:    setosa
##   3:    setosa
##   4:    setosa
##   5:    setosa
## ---
## 146: virginica
## 147: virginica
## 148: virginica
## 149: virginica
## 150: virginica
# 等价于
# data.table
ir[,.SD,.SDcols = is.factor]
##        Species
##         <fctr>
##   1:    setosa
##   2:    setosa
##   3:    setosa
##   4:    setosa
##   5:    setosa
## ---
## 146: virginica
## 147: virginica
## 148: virginica
## 149: virginica
## 150: virginica
```

如果需要排除一些列，则可以在原来基础上加上减号来实现。例如，我们要排除 `Sepal.Length`

和 Petal.Length 这两列，可以这样操作：

```
# tidyfst
ir %>% select_dt(-Sepal.Length,-Petal.Length)
##      Sepal.Width Petal.Width   Species
##            <num>       <num>    <fctr>
##   1:         3.5         0.2    setosa
##   2:         3.0         0.2    setosa
##   3:         3.2         0.2    setosa
##   4:         3.1         0.2    setosa
##   5:         3.6         0.2    setosa
##  ---
## 146:         3.0         2.3 virginica
## 147:         2.5         1.9 virginica
## 148:         3.0         2.0 virginica
## 149:         3.4         2.3 virginica
## 150:         3.0         1.8 virginica
# 等价于
# data.table
ir[,-c("Sepal.Length","Petal.Length")]
##      Sepal.Width Petal.Width   Species
##            <num>       <num>    <fctr>
##   1:         3.5         0.2    setosa
##   2:         3.0         0.2    setosa
##   3:         3.2         0.2    setosa
##   4:         3.1         0.2    setosa
##   5:         3.6         0.2    setosa
##  ---
## 146:         3.0         2.3 virginica
## 147:         2.5         1.9 virginica
## 148:         3.0         2.0 virginica
## 149:         3.4         2.3 virginica
## 150:         3.0         1.8 virginica
```

这种排除方法对于基于数据类型的列选择也是适用的，例如，我们要排除因子列：

```
# tidyfst
ir %>% select_dt(-is.factor)
##      Sepal.Length Sepal.Width Petal.Length Petal.Width
##             <num>       <num>        <num>       <num>
##   1:          5.1         3.5          1.4         0.2
##   2:          4.9         3.0          1.4         0.2
##   3:          4.7         3.2          1.3         0.2
```

```
##   4:          4.6         3.1          1.5         0.2
##   5:          5.0         3.6          1.4         0.2
##  ---
## 146:          6.7         3.0          5.2         2.3
## 147:          6.3         2.5          5.0         1.9
## 148:          6.5         3.0          5.2         2.0
## 149:          6.2         3.4          5.4         2.3
## 150:          5.9         3.0          5.1         1.8
# 等价于
# data.table
ir[,.SD,.SDcols = -is.factor]
##      Sepal.Length Sepal.Width Petal.Length Petal.Width
##             <num>       <num>        <num>       <num>
##   1:          5.1         3.5          1.4         0.2
##   2:          4.9         3.0          1.4         0.2
##   3:          4.7         3.2          1.3         0.2
##   4:          4.6         3.1          1.5         0.2
##   5:          5.0         3.6          1.4         0.2
##  ---
## 146:          6.7         3.0          5.2         2.3
## 147:          6.3         2.5          5.0         1.9
## 148:          6.5         3.0          5.2         2.0
## 149:          6.2         3.4          5.4         2.3
## 150:          5.9         3.0          5.1         1.8
```

3.4.2　筛选行

与筛选列类似，筛选行也是取子集方法的一种，不过是根据行的规则进行筛选。比较常见的方法是根据一定的条件来筛选行，例如我们要筛选出 Sepal.Length 大于 7 的条目，可以这样实现：

```
# tidyfst
ir %>% filter_dt(Sepal.Length > 7)
##     Sepal.Length Sepal.Width Petal.Length Petal.Width   Species
##            <num>       <num>        <num>       <num>    <fctr>
##  1:          7.1         3.0          5.9         2.1 virginica
##  2:          7.6         3.0          6.6         2.1 virginica
##  3:          7.3         2.9          6.3         1.8 virginica
##  4:          7.2         3.6          6.1         2.5 virginica
##  5:          7.7         3.8          6.7         2.2 virginica
##  6:          7.7         2.6          6.9         2.3 virginica
##  7:          7.7         2.8          6.7         2.0 virginica
##  8:          7.2         3.2          6.0         1.8 virginica
```

```
##  9:          7.2         3.0          5.8         1.6 virginica
## 10:          7.4         2.8          6.1         1.9 virginica
## 11:          7.9         3.8          6.4         2.0 virginica
## 12:          7.7         3.0          6.1         2.3 virginica
# 等价于
# data.table
ir[Sepal.Length > 7]
##     Sepal.Length Sepal.Width Petal.Length Petal.Width   Species
##            <num>       <num>        <num>       <num>    <fctr>
##  1:          7.1         3.0          5.9         2.1 virginica
##  2:          7.6         3.0          6.6         2.1 virginica
##  3:          7.3         2.9          6.3         1.8 virginica
##  4:          7.2         3.6          6.1         2.5 virginica
##  5:          7.7         3.8          6.7         2.2 virginica
##  6:          7.7         2.6          6.9         2.3 virginica
##  7:          7.7         2.8          6.7         2.0 virginica
##  8:          7.2         3.2          6.0         1.8 virginica
##  9:          7.2         3.0          5.8         1.6 virginica
## 10:          7.4         2.8          6.1         1.9 virginica
## 11:          7.9         3.8          6.4         2.0 virginica
## 12:          7.7         3.0          6.1         2.3 virginica
```

如果要附加多个条件，那么条件之间可以利用逻辑运算符&（与）、|（或）和!（非）进行修饰和连接。例如我们需要 `Species` 列不为 `versicolor` 且 `Sepal.Length` 大于 6 的条目，可以这样实现：

```
# tidyfst
ir %>% filter_dt(Species != "versicolor" & Sepal.Length > 6)
##     Sepal.Length Sepal.Width Petal.Length Petal.Width   Species
##            <num>       <num>        <num>       <num>    <fctr>
##  1:          6.3         3.3          6.0         2.5 virginica
##  2:          7.1         3.0          5.9         2.1 virginica
##  3:          6.3         2.9          5.6         1.8 virginica
##  4:          6.5         3.0          5.8         2.2 virginica
##  5:          7.6         3.0          6.6         2.1 virginica
##  6:          7.3         2.9          6.3         1.8 virginica
##  7:          6.7         2.5          5.8         1.8 virginica
##  8:          7.2         3.6          6.1         2.5 virginica
##  9:          6.5         3.2          5.1         2.0 virginica
## 10:          6.4         2.7          5.3         1.9 virginica
## 11:          6.8         3.0          5.5         2.1 virginica
## 12:          6.4         3.2          5.3         2.3 virginica
## 13:          6.5         3.0          5.5         1.8 virginica
```

```
## 14:          7.7         3.8          6.7         2.2 virginica
## 15:          7.7         2.6          6.9         2.3 virginica
## 16:          6.9         3.2          5.7         2.3 virginica
## 17:          7.7         2.8          6.7         2.0 virginica
## 18:          6.3         2.7          4.9         1.8 virginica
## 19:          6.7         3.3          5.7         2.1 virginica
## 20:          7.2         3.2          6.0         1.8 virginica
## 21:          6.2         2.8          4.8         1.8 virginica
## 22:          6.1         3.0          4.9         1.8 virginica
## 23:          6.4         2.8          5.6         2.1 virginica
## 24:          7.2         3.0          5.8         1.6 virginica
## 25:          7.4         2.8          6.1         1.9 virginica
## 26:          7.9         3.8          6.4         2.0 virginica
## 27:          6.4         2.8          5.6         2.2 virginica
## 28:          6.3         2.8          5.1         1.5 virginica
## 29:          6.1         2.6          5.6         1.4 virginica
## 30:          7.7         3.0          6.1         2.3 virginica
## 31:          6.3         3.4          5.6         2.4 virginica
## 32:          6.4         3.1          5.5         1.8 virginica
## 33:          6.9         3.1          5.4         2.1 virginica
## 34:          6.7         3.1          5.6         2.4 virginica
## 35:          6.9         3.1          5.1         2.3 virginica
## 36:          6.8         3.2          5.9         2.3 virginica
## 37:          6.7         3.3          5.7         2.5 virginica
## 38:          6.7         3.0          5.2         2.3 virginica
## 39:          6.3         2.5          5.0         1.9 virginica
## 40:          6.5         3.0          5.2         2.0 virginica
## 41:          6.2         3.4          5.4         2.3 virginica
##     Sepal.Length Sepal.Width Petal.Length Petal.Width   Species
# 等价于
# data.table
ir[Species != "versicolor" & Sepal.Length > 6]
##     Sepal.Length Sepal.Width Petal.Length Petal.Width   Species
##            <num>       <num>        <num>       <num>    <fctr>
##  1:          6.3         3.3          6.0         2.5 virginica
##  2:          7.1         3.0          5.9         2.1 virginica
##  3:          6.3         2.9          5.6         1.8 virginica
##  4:          6.5         3.0          5.8         2.2 virginica
##  5:          7.6         3.0          6.6         2.1 virginica
##  6:          7.3         2.9          6.3         1.8 virginica
##  7:          6.7         2.5          5.8         1.8 virginica
##  8:          7.2         3.6          6.1         2.5 virginica
##  9:          6.5         3.2          5.1         2.0 virginica
```

```
## 10:          6.4         2.7          5.3         1.9 virginica
## 11:          6.8         3.0          5.5         2.1 virginica
## 12:          6.4         3.2          5.3         2.3 virginica
## 13:          6.5         3.0          5.5         1.8 virginica
## 14:          7.7         3.8          6.7         2.2 virginica
## 15:          7.7         2.6          6.9         2.3 virginica
## 16:          6.9         3.2          5.7         2.3 virginica
## 17:          7.7         2.8          6.7         2.0 virginica
## 18:          6.3         2.7          4.9         1.8 virginica
## 19:          6.7         3.3          5.7         2.1 virginica
## 20:          7.2         3.2          6.0         1.8 virginica
## 21:          6.2         2.8          4.8         1.8 virginica
## 22:          6.1         3.0          4.9         1.8 virginica
## 23:          6.4         2.8          5.6         2.1 virginica
## 24:          7.2         3.0          5.8         1.6 virginica
## 25:          7.4         2.8          6.1         1.9 virginica
## 26:          7.9         3.8          6.4         2.0 virginica
## 27:          6.4         2.8          5.6         2.2 virginica
## 28:          6.3         2.8          5.1         1.5 virginica
## 29:          6.1         2.6          5.6         1.4 virginica
## 30:          7.7         3.0          6.1         2.3 virginica
## 31:          6.3         3.4          5.6         2.4 virginica
## 32:          6.4         3.1          5.5         1.8 virginica
## 33:          6.9         3.1          5.4         2.1 virginica
## 34:          6.7         3.1          5.6         2.4 virginica
## 35:          6.9         3.1          5.1         2.3 virginica
## 36:          6.8         3.2          5.9         2.3 virginica
## 37:          6.7         3.3          5.7         2.5 virginica
## 38:          6.7         3.0          5.2         2.3 virginica
## 39:          6.3         2.5          5.0         1.9 virginica
## 40:          6.5         3.0          5.2         2.0 virginica
## 41:          6.2         3.4          5.4         2.3 virginica
##     Sepal.Length Sepal.Width Petal.Length Petal.Width   Species
```

有一些常用的条件在 tidyfst 包中已经有现成的函数用于实现。例如，我们需要获得 Sepal.Length 最大的 10 个条目，则可以直接使用 slice_max_dt 实现：

```
ir %>% slice_max_dt(Sepal.Length,10)
##     Sepal.Length Sepal.Width Petal.Length Petal.Width   Species
##            <num>       <num>        <num>       <num>    <fctr>
##  1:          7.9         3.8          6.4         2.0 virginica
##  2:          7.7         3.8          6.7         2.2 virginica
##  3:          7.7         2.6          6.9         2.3 virginica
```

```
## 4:          7.7          2.8          6.7          2.0 virginica
## 5:          7.7          3.0          6.1          2.3 virginica
## 6:          7.6          3.0          6.6          2.1 virginica
## 7:          7.4          2.8          6.1          1.9 virginica
## 8:          7.3          2.9          6.3          1.8 virginica
## 9:          7.2          3.6          6.1          2.5 virginica
## 10:         7.2          3.2          6.0          1.8 virginica
## 11:         7.2          3.0          5.8          1.6 virginica
```

如果需要看 `Sepal.Length` 最小的 10 个条目，则可以使用 `slice_min_dt` 函数：

```
ir %>% slice_min_dt(Sepal.Length,10)
##     Sepal.Length Sepal.Width Petal.Length Petal.Width Species
##            <num>       <num>        <num>       <num>  <fctr>
##  1:          4.3         3.0          1.1         0.1  setosa
##  2:          4.4         2.9          1.4         0.2  setosa
##  3:          4.4         3.0          1.3         0.2  setosa
##  4:          4.4         3.2          1.3         0.2  setosa
##  5:          4.5         2.3          1.3         0.3  setosa
##  6:          4.6         3.1          1.5         0.2  setosa
##  7:          4.6         3.4          1.4         0.3  setosa
##  8:          4.6         3.6          1.0         0.2  setosa
##  9:          4.6         3.2          1.4         0.2  setosa
## 10:          4.7         3.2          1.3         0.2  setosa
## 11:          4.7         3.2          1.6         0.2  setosa
```

如果想要随机选择 10 个条目，则可以使用 `slice_sample_dt` 函数：

```
ir %>% slice_sample_dt(10)
##     Sepal.Length Sepal.Width Petal.Length Petal.Width    Species
##            <num>       <num>        <num>       <num>     <fctr>
##  1:          5.5         2.3          4.0         1.3 versicolor
##  2:          6.2         2.9          4.3         1.3 versicolor
##  3:          4.6         3.1          1.5         0.2     setosa
##  4:          6.3         2.9          5.6         1.8  virginica
##  5:          6.3         2.5          4.9         1.5 versicolor
##  6:          4.9         2.5          4.5         1.7  virginica
##  7:          6.1         2.8          4.7         1.2 versicolor
##  8:          4.4         3.2          1.3         0.2     setosa
##  9:          6.6         3.0          4.4         1.4 versicolor
## 10:          6.9         3.2          5.7         2.3  virginica
```

此外，我们还可以根据条目的位置来进行筛选。例如我们要获得 `ir` 数据框的第 100 行，可以这样实现：

```
# tidyfst
ir %>% slice_dt(100)
##    Sepal.Length Sepal.Width Petal.Length Petal.Width    Species
##           <num>       <num>        <num>       <num>     <fctr>
## 1:          5.7         2.8          4.1         1.3 versicolor
# data.table
ir[100]
##    Sepal.Length Sepal.Width Petal.Length Petal.Width    Species
##           <num>       <num>        <num>       <num>     <fctr>
## 1:          5.7         2.8          4.1         1.3 versicolor
```

如果要选择多行，则可以使用数值向量。例如，我们想要选出第 100 行到第 105 行，可以这样操作：

```
# tidyfst
ir %>% slice_dt(100:105)
##    Sepal.Length Sepal.Width Petal.Length Petal.Width    Species
##           <num>       <num>        <num>       <num>     <fctr>
## 1:          5.7         2.8          4.1         1.3 versicolor
## 2:          6.3         3.3          6.0         2.5  virginica
## 3:          5.8         2.7          5.1         1.9  virginica
## 4:          7.1         3.0          5.9         2.1  virginica
## 5:          6.3         2.9          5.6         1.8  virginica
## 6:          6.5         3.0          5.8         2.2  virginica
# data.table
ir[100:105]
##    Sepal.Length Sepal.Width Petal.Length Petal.Width    Species
##           <num>       <num>        <num>       <num>     <fctr>
## 1:          5.7         2.8          4.1         1.3 versicolor
## 2:          6.3         3.3          6.0         2.5  virginica
## 3:          5.8         2.7          5.1         1.9  virginica
## 4:          7.1         3.0          5.9         2.1  virginica
## 5:          6.3         2.9          5.6         1.8  virginica
## 6:          6.5         3.0          5.8         2.2  virginica
```

去重是一种特殊的筛选方法，当存在重复条目的时候，它只会保留第一次出现的条目，去重可以使用 `unique` 函数实现：

```
ir %>% unique()
##      Sepal.Length Sepal.Width Petal.Length Petal.Width   Species
##             <num>       <num>        <num>       <num>    <fctr>
##   1:          5.1         3.5          1.4         0.2    setosa
##   2:          4.9         3.0          1.4         0.2    setosa
##   3:          4.7         3.2          1.3         0.2    setosa
```

```
##    4:          4.6         3.1          1.5          0.2     setosa
##    5:          5.0         3.6          1.4          0.2     setosa
##   ---
## 145:          6.7         3.0          5.2          2.3  virginica
## 146:          6.3         2.5          5.0          1.9  virginica
## 147:          6.5         3.0          5.2          2.0  virginica
## 148:          6.2         3.4          5.4          2.3  virginica
## 149:          5.9         3.0          5.1          1.8  virginica
```

我们看到获得的结果只有149行，而原始的数据框则包含150行。

3.4.3 更新

更新是指对数据框的一列或多列进行修饰，或根据已有列来构造新的列。最简单的例子就是新增一列常数列，例如，我们为数据框 `ir` 新增一列名为 `one` 的常数列，其所有数值均为1，实现代码如下：

```
ir %>% mutate_dt(one = 1)
##       Sepal.Length Sepal.Width Petal.Length Petal.Width    Species   one
##              <num>       <num>        <num>       <num>     <fctr> <num>
##    1:          5.1         3.5          1.4         0.2     setosa     1
##    2:          4.9         3.0          1.4         0.2     setosa     1
##    3:          4.7         3.2          1.3         0.2     setosa     1
##    4:          4.6         3.1          1.5         0.2     setosa     1
##    5:          5.0         3.6          1.4         0.2     setosa     1
##   ---
## 146:          6.7         3.0          5.2         2.3  virginica     1
## 147:          6.3         2.5          5.0         1.9  virginica     1
## 148:          6.5         3.0          5.2         2.0  virginica     1
## 149:          6.2         3.4          5.4         2.3  virginica     1
## 150:          5.9         3.0          5.1         1.8  virginica     1
```

或者，我们可以让 `Sepal.Length` 列的所有数值加1：

```
ir %>% mutate_dt(Sepal.Length = Sepal.Length + 1)
##       Sepal.Length Sepal.Width Petal.Length Petal.Width    Species
##              <num>       <num>        <num>       <num>     <fctr>
##    1:          6.1         3.5          1.4         0.2     setosa
##    2:          5.9         3.0          1.4         0.2     setosa
##    3:          5.7         3.2          1.3         0.2     setosa
##    4:          5.6         3.1          1.5         0.2     setosa
##    5:          6.0         3.6          1.4         0.2     setosa
##   ---
## 146:          7.7         3.0          5.2         2.3  virginica
```

```
## 147:          7.3          2.5           5.0           1.9 virginica
## 148:          7.5          3.0           5.2           2.0 virginica
## 149:          7.2          3.4           5.4           2.3 virginica
## 150:          6.9          3.0           5.1           1.8 virginica
```

有时，我们需要按照一定的条件来进行列的更新，这时候可以使用 `mutate_when` 函数。例如，我们希望在 `Petal.Width` 等于 0.2 的时候新增名为 `one` 的常数列：

```
ir %>% mutate_when(Petal.Width==.2,one = 1)
## Index: <Petal.Width>
##      Sepal.Length Sepal.Width Petal.Length Petal.Width   Species   one
##             <num>       <num>        <num>       <num>    <fctr> <num>
##   1:          5.1         3.5          1.4         0.2    setosa     1
##   2:          4.9         3.0          1.4         0.2    setosa     1
##   3:          4.7         3.2          1.3         0.2    setosa     1
##   4:          4.6         3.1          1.5         0.2    setosa     1
##   5:          5.0         3.6          1.4         0.2    setosa     1
##  ---
## 146:          6.7         3.0          5.2         2.3 virginica    NA
## 147:          6.3         2.5          5.0         1.9 virginica    NA
## 148:          6.5         3.0          5.2         2.0 virginica    NA
## 149:          6.2         3.4          5.4         2.3 virginica    NA
## 150:          5.9         3.0          5.1         1.8 virginica    NA
```

可以看到，当 `Petal.Width` 数值为 0.2 的时候，`one` 列为 1，其他时候则为缺失值。这里，我们使用“.2”代替了“0.2”这种写法，在 R 语言中小数点之前的零值是可以省略的。如果我们需要同时更新多列，那么就需要使用 `mutate_vars` 函数，它可以根据规则对多个列同时进行原位修饰。例如，我们要让列名称以 `Petal` 开头的列都减去 1，可以这样编码：

```
ir %>% mutate_vars("^Petal",function(x) x - 1)
##      Sepal.Length Sepal.Width Petal.Length Petal.Width   Species
##             <num>       <num>        <num>       <num>    <fctr>
##   1:          5.1         3.5          0.4        -0.8    setosa
##   2:          4.9         3.0          0.4        -0.8    setosa
##   3:          4.7         3.2          0.3        -0.8    setosa
##   4:          4.6         3.1          0.5        -0.8    setosa
##   5:          5.0         3.6          0.4        -0.8    setosa
##  ---
## 146:          6.7         3.0          4.2         1.3 virginica
## 147:          6.3         2.5          4.0         0.9 virginica
## 148:          6.5         3.0          4.2         1.0 virginica
## 149:          6.2         3.4          4.4         1.3 virginica
## 150:          5.9         3.0          4.1         0.8 virginica
```

这里我们使用了正则表达式`^Petal`来指定以 `Petal` 开头的列，然后对它们统一使用了函数 `function(x) x - 1`，即对向量中的所有值都减去 1。

3.4.4 排序

对数据框进行排序有两种方法，一种是按照行进行排序，另一种是按照列进行排序。例如在之前的 `ir` 数据框中，我们可以按照 `Sepal.Length` 列从小到大进行排列：

```
#tidyfst
ir %>% arrange_dt(Sepal.Length)
##      Sepal.Length Sepal.Width Petal.Length Petal.Width   Species
##             <num>       <num>        <num>       <num>    <fctr>
##   1:          4.3         3.0          1.1         0.1    setosa
##   2:          4.4         2.9          1.4         0.2    setosa
##   3:          4.4         3.0          1.3         0.2    setosa
##   4:          4.4         3.2          1.3         0.2    setosa
##   5:          4.5         2.3          1.3         0.3    setosa
##  ---
## 146:          7.7         3.8          6.7         2.2 virginica
## 147:          7.7         2.6          6.9         2.3 virginica
## 148:          7.7         2.8          6.7         2.0 virginica
## 149:          7.7         3.0          6.1         2.3 virginica
## 150:          7.9         3.8          6.4         2.0 virginica
# data.table
ir[order(Sepal.Length)]
##      Sepal.Length Sepal.Width Petal.Length Petal.Width   Species
##             <num>       <num>        <num>       <num>    <fctr>
##   1:          4.3         3.0          1.1         0.1    setosa
##   2:          4.4         2.9          1.4         0.2    setosa
##   3:          4.4         3.0          1.3         0.2    setosa
##   4:          4.4         3.2          1.3         0.2    setosa
##   5:          4.5         2.3          1.3         0.3    setosa
##  ---
## 146:          7.7         3.8          6.7         2.2 virginica
## 147:          7.7         2.6          6.9         2.3 virginica
## 148:          7.7         2.8          6.7         2.0 virginica
## 149:          7.7         3.0          6.1         2.3 virginica
## 150:          7.9         3.8          6.4         2.0 virginica
```

如果需要从大到小进行排列，那么在原来的变量之前加入负号即可：

```
#tidyfst
ir %>% arrange_dt(-Sepal.Length)
```

```
##      Sepal.Length Sepal.Width Petal.Length Petal.Width    Species
##             <num>       <num>        <num>       <num>     <fctr>
##   1:          7.9         3.8          6.4         2.0 virginica
##   2:          7.7         3.8          6.7         2.2 virginica
##   3:          7.7         2.6          6.9         2.3 virginica
##   4:          7.7         2.8          6.7         2.0 virginica
##   5:          7.7         3.0          6.1         2.3 virginica
##  ---
## 146:          4.5         2.3          1.3         0.3     setosa
## 147:          4.4         2.9          1.4         0.2     setosa
## 148:          4.4         3.0          1.3         0.2     setosa
## 149:          4.4         3.2          1.3         0.2     setosa
## 150:          4.3         3.0          1.1         0.1     setosa
# data.table
ir[order(-Sepal.Length)]
##      Sepal.Length Sepal.Width Petal.Length Petal.Width    Species
##             <num>       <num>        <num>       <num>     <fctr>
##   1:          7.9         3.8          6.4         2.0 virginica
##   2:          7.7         3.8          6.7         2.2 virginica
##   3:          7.7         2.6          6.9         2.3 virginica
##   4:          7.7         2.8          6.7         2.0 virginica
##   5:          7.7         3.0          6.1         2.3 virginica
##  ---
## 146:          4.5         2.3          1.3         0.3     setosa
## 147:          4.4         2.9          1.4         0.2     setosa
## 148:          4.4         3.0          1.3         0.2     setosa
## 149:          4.4         3.2          1.3         0.2     setosa
## 150:          4.3         3.0          1.1         0.1     setosa
```

同时，我们可以对多行数同时进行排列。这个时候，数据框会优先按照第一次出现的变量进行排列，如果第一个变量都相等，则按照第二个出现的变量进行排列。在代码中，不同变量之间用逗号进行分隔。例如，我们要先按照 `Sepal.Length` 列进行排列，然后再按照 `Sepal.Width` 列进行排列：

```
# tidyfst
ir %>% arrange_dt(Sepal.Length,Sepal.Width)
##      Sepal.Length Sepal.Width Petal.Length Petal.Width    Species
##             <num>       <num>        <num>       <num>     <fctr>
##   1:          4.3         3.0          1.1         0.1     setosa
##   2:          4.4         2.9          1.4         0.2     setosa
##   3:          4.4         3.0          1.3         0.2     setosa
##   4:          4.4         3.2          1.3         0.2     setosa
##   5:          4.5         2.3          1.3         0.3     setosa
```

```
##  ---
## 146:          7.7          2.6           6.9          2.3 virginica
## 147:          7.7          2.8           6.7          2.0 virginica
## 148:          7.7          3.0           6.1          2.3 virginica
## 149:          7.7          3.8           6.7          2.2 virginica
## 150:          7.9          3.8           6.4          2.0 virginica
# data.table
ir[order(Sepal.Length,Sepal.Width)]
##      Sepal.Length Sepal.Width Petal.Length Petal.Width   Species
##             <num>       <num>        <num>       <num>    <fctr>
##   1:          4.3         3.0          1.1         0.1    setosa
##   2:          4.4         2.9          1.4         0.2    setosa
##   3:          4.4         3.0          1.3         0.2    setosa
##   4:          4.4         3.2          1.3         0.2    setosa
##   5:          4.5         2.3          1.3         0.3    setosa
##  ---
## 146:          7.7         2.6          6.9         2.3 virginica
## 147:          7.7         2.8          6.7         2.0 virginica
## 148:          7.7         3.0          6.1         2.3 virginica
## 149:          7.7         3.8          6.7         2.2 virginica
## 150:          7.9         3.8          6.4         2.0 virginica
```

另外，我们可以对数据框的列进行重排。在 tidyfst 包中，我们可以使用 `relocate_dt` 函数进行实现。例如，我们可以把 `Species` 列放到第一列：

```
ir %>% relocate_dt(Species,how = "first")
##        Species Sepal.Length Sepal.Width Petal.Length Petal.Width
##         <fctr>        <num>       <num>        <num>       <num>
##   1:    setosa          5.1         3.5          1.4         0.2
##   2:    setosa          4.9         3.0          1.4         0.2
##   3:    setosa          4.7         3.2          1.3         0.2
##   4:    setosa          4.6         3.1          1.5         0.2
##   5:    setosa          5.0         3.6          1.4         0.2
##  ---
## 146: virginica          6.7         3.0          5.2         2.3
## 147: virginica          6.3         2.5          5.0         1.9
## 148: virginica          6.5         3.0          5.2         2.0
## 149: virginica          6.2         3.4          5.4         2.3
## 150: virginica          5.9         3.0          5.1         1.8
```

或者，我们可以把 `Sepal.Length` 列放到最后一列：

```
ir %>% relocate_dt(Sepal.Length,how = "last")
##      Sepal.Width Petal.Length Petal.Width   Species Sepal.Length
```

```
##              <num>        <num>       <num>     <fctr>         <num>
##    1:         3.5          1.4         0.2     setosa           5.1
##    2:         3.0          1.4         0.2     setosa           4.9
##    3:         3.2          1.3         0.2     setosa           4.7
##    4:         3.1          1.5         0.2     setosa           4.6
##    5:         3.6          1.4         0.2     setosa           5.0
##   ---
## 146:          3.0          5.2         2.3  virginica           6.7
## 147:          2.5          5.0         1.9  virginica           6.3
## 148:          3.0          5.2         2.0  virginica           6.5
## 149:          3.4          5.4         2.3  virginica           6.2
## 150:          3.0          5.1         1.8  virginica           5.9
```

此外，我们还可以把 Petal.Length 列放在 Petal.Width 的后面：

```
ir %>% relocate_dt(Petal.Length,how = "after",where = Petal.Width)
##      Sepal.Length Sepal.Width Petal.Width Petal.Length   Species
##             <num>       <num>       <num>        <num>    <fctr>
##    1:         5.1         3.5         0.2          1.4    setosa
##    2:         4.9         3.0         0.2          1.4    setosa
##    3:         4.7         3.2         0.2          1.3    setosa
##    4:         4.6         3.1         0.2          1.5    setosa
##    5:         5.0         3.6         0.2          1.4    setosa
##   ---
## 146:          6.7         3.0         2.3          5.2 virginica
## 147:          6.3         2.5         1.9          5.0 virginica
## 148:          6.5         3.0         2.0          5.2 virginica
## 149:          6.2         3.4         2.3          5.4 virginica
## 150:          5.9         3.0         1.8          5.1 virginica
```

如果需要对列的位置进行重新排列，则可以使用 data.table 中的.SDcols 参数。案例代码如下：

```
# 打乱列名称顺序
new_order = names(ir)[c(3,2,4,5,1)]
new_order # 显示新的顺序
## [1] "Petal.Length" "Sepal.Width"  "Petal.Width"  "Species"      "Sepal.Length"
# 列顺序重排
ir[,.SD,.SDcols = new_order]
##      Petal.Length Sepal.Width Petal.Width   Species Sepal.Length
##             <num>       <num>       <num>    <fctr>        <num>
##    1:         1.4         3.5         0.2    setosa          5.1
##    2:         1.4         3.0         0.2    setosa          4.9
```

```
##    3:          1.3         3.2         0.2    setosa          4.7
##    4:          1.5         3.1         0.2    setosa          4.6
##    5:          1.4         3.6         0.2    setosa          5.0
##  ---
## 146:          5.2         3.0         2.3 virginica          6.7
## 147:          5.0         2.5         1.9 virginica          6.3
## 148:          5.2         3.0         2.0 virginica          6.5
## 149:          5.4         3.4         2.3 virginica          6.2
## 150:          5.1         3.0         1.8 virginica          5.9
```

如果希望直接写上列名称，可以使用 tidyfst 包的 select_mix 函数：

```
ir %>%
  select_mix(Petal.Length,
             Sepal.Width,
             Petal.Width,
             Species,
             Sepal.Length)
##      Petal.Length Sepal.Width Petal.Width   Species Sepal.Length
##             <num>       <num>       <num>    <fctr>        <num>
##    1:          1.4         3.5         0.2    setosa          5.1
##    2:          1.4         3.0         0.2    setosa          4.9
##    3:          1.3         3.2         0.2    setosa          4.7
##    4:          1.5         3.1         0.2    setosa          4.6
##    5:          1.4         3.6         0.2    setosa          5.0
##  ---
## 146:          5.2         3.0         2.3 virginica          6.7
## 147:          5.0         2.5         1.9 virginica          6.3
## 148:          5.2         3.0         2.0 virginica          6.5
## 149:          5.4         3.4         2.3 virginica          6.2
## 150:          5.1         3.0         1.8 virginica          5.9
```

3.4.5　汇总

汇总的过程是用较少信息表征较多信息的方法，例如对一个群体的身高求平均值，那么我们就用平均值来对这个总体的身高进行概括。在 tidyfst 包中，我们可以使用 summarise_dt 函数来对数据框中的列进行汇总。例如，我们想获知 ir 数据框中 Sepal.Length 列的平均值：

```
ir %>% summarise_dt(avg = mean(Sepal.Length))
##         avg
##       <num>
## 1: 5.843333
```

这里，我们还让最后获得结果的列名称为 avg，这是可以根据需要进行改变的。例如我们想要将其改变为 mean，就可以这样操作：

```
ir %>% summarise_dt(mean = mean(Sepal.Length))
##         mean
##        <num>
## 1: 5.843333
```

有时，我们需要根据条件进行汇总。例如，在 ir 数据框中，我们想要将 Petal.Width 等于 0.2 时的所有 Petal.Length 求一个均值，则可以用以下代码进行实现：

```
ir %>% summarise_when(Petal.Width == .2,avg = mean(Petal.Length))
##          avg
##        <num>
## 1: 1.444828
```

此外，我们还可以对多列同时进行汇总。例如我们需要对第 2 到 4 列进行求和汇总，那么可以这样操作：

```
ir %>% summarise_vars(2:4,sum)
##    Sepal.Width Petal.Length Petal.Width
##          <num>        <num>       <num>
## 1:       458.6        563.7       179.9
```

当然，我们也可以指定对所有数据类型为数值型的列进行求和汇总，那么可以这样实现：

```
ir %>% summarise_vars(is.numeric,sum)
##    Sepal.Length Sepal.Width Petal.Length Petal.Width
##           <num>       <num>        <num>       <num>
## 1:        876.5       458.6        563.7       179.9
```

在进行汇总之后，汇总结果的列名称保持不变。例如结果中的 Sepal.Length 就是对原来数据框中 Sepal.Length 列汇总求和得到的结果。

3.4.6 分组计算

分组计算就是在上面基本操作的基础上，根据分组结果来对每一个组进行相同的操作。在 tidyfst 包中，很多函数都具有 by 参数，by 用来指定分组的变量。还是以之前的 ir 数据框为例，如果我们要对数据框的 Sepal.Length 列按照 Species 列进行分组求均值，那么可以这样操作：

```
ir %>% summarise_dt(avg = mean(Sepal.Length),by = Species)
##       Species   avg
##        <fctr> <num>
## 1:     setosa 5.006
```

```
## 2: versicolor 5.936
## 3:  virginica 6.588
```

在多列操作中我们也可以进行类似操作，例如我们对多个数值列进行分组求和：

```
ir %>% summarise_vars(is.numeric,sum,by = Species)
##       Species Sepal.Length Sepal.Width Petal.Length Petal.Width
##        <fctr>        <num>       <num>        <num>       <num>
## 1:     setosa        250.3       171.4         73.1        12.3
## 2: versicolor        296.8       138.5        213.0        66.3
## 3:  virginica        329.4       148.7        277.6       101.3
```

如果需要对多个变量进行分组，那么 by 参数的指定方式有以下几种：

- 在 by 参数中放入字符串，变量之间以逗号分隔（如 by="vs,am"）；
- 在 by 参数中放入字符向量，字符是分组的列名称（如 by=c("vs","am")）；
- 在 by 参数中放入一个指定分组变量的列表（如 by=list(vs,am)）。

下面我们以 mtcars 数据集为例进行演示：

```
# 转化为data.table 格式
mt = as_dt(mtcars)
mt
##       mpg   cyl  disp    hp  drat    wt  qsec    vs    am  gear  carb
##     <num> <num> <num> <num> <num> <num> <num> <num> <num> <num> <num>
##  1:  21.0     6 160.0   110  3.90 2.620 16.46     0     1     4     4
##  2:  21.0     6 160.0   110  3.90 2.875 17.02     0     1     4     4
##  3:  22.8     4 108.0    93  3.85 2.320 18.61     1     1     4     1
##  4:  21.4     6 258.0   110  3.08 3.215 19.44     1     0     3     1
##  5:  18.7     8 360.0   175  3.15 3.440 17.02     0     0     3     2
##  6:  18.1     6 225.0   105  2.76 3.460 20.22     1     0     3     1
##  7:  14.3     8 360.0   245  3.21 3.570 15.84     0     0     3     4
##  8:  24.4     4 146.7    62  3.69 3.190 20.00     1     0     4     2
##  9:  22.8     4 140.8    95  3.92 3.150 22.90     1     0     4     2
## 10:  19.2     6 167.6   123  3.92 3.440 18.30     1     0     4     4
## 11:  17.8     6 167.6   123  3.92 3.440 18.90     1     0     4     4
## 12:  16.4     8 275.8   180  3.07 4.070 17.40     0     0     3     3
## 13:  17.3     8 275.8   180  3.07 3.730 17.60     0     0     3     3
## 14:  15.2     8 275.8   180  3.07 3.780 18.00     0     0     3     3
## 15:  10.4     8 472.0   205  2.93 5.250 17.98     0     0     3     4
## 16:  10.4     8 460.0   215  3.00 5.424 17.82     0     0     3     4
## 17:  14.7     8 440.0   230  3.23 5.345 17.42     0     0     3     4
## 18:  32.4     4  78.7    66  4.08 2.200 19.47     1     1     4     1
## 19:  30.4     4  75.7    52  4.93 1.615 18.52     1     1     4     2
```

```
## 20:  33.9     4  71.1    65  4.22 1.835 19.90     1     1    4     1
## 21:  21.5     4 120.1    97  3.70 2.465 20.01     1     0    3     1
## 22:  15.5     8 318.0   150  2.76 3.520 16.87     0     0    3     2
## 23:  15.2     8 304.0   150  3.15 3.435 17.30     0     0    3     2
## 24:  13.3     8 350.0   245  3.73 3.840 15.41     0     0    3     4
## 25:  19.2     8 400.0   175  3.08 3.845 17.05     0     0    3     2
## 26:  27.3     4  79.0    66  4.08 1.935 18.90     1     1    4     1
## 27:  26.0     4 120.3    91  4.43 2.140 16.70     0     1    5     2
## 28:  30.4     4  95.1   113  3.77 1.513 16.90     1     1    5     2
## 29:  15.8     8 351.0   264  4.22 3.170 14.50     0     1    5     4
## 30:  19.7     6 145.0   175  3.62 2.770 15.50     0     1    5     6
## 31:  15.0     8 301.0   335  3.54 3.570 14.60     0     1    5     8
## 32:  21.4     4 121.0   109  4.11 2.780 18.60     1     1    4     2
##         mpg   cyl  disp    hp  drat    wt  qsec    vs    am  gear  carb
# 按照vs和am分组，然后求mpg的均值
## 方法1:
mt %>% summarise_dt(avg = mean(mpg),by = "vs,am")
##        vs    am      avg
##     <num> <num>    <num>
## 1:      0     1 19.75000
## 2:      1     1 28.37143
## 3:      1     0 20.74286
## 4:      0     0 15.05000
## 方法2:
mt %>% summarise_dt(avg = mean(mpg),by = c("vs","am"))
##        vs    am      avg
##     <num> <num>    <num>
## 1:      0     1 19.75000
## 2:      1     1 28.37143
## 3:      1     0 20.74286
## 4:      0     0 15.05000
## 方法3:
mt %>% summarise_dt(avg = mean(mpg),by = list(vs,am))
##        vs    am      avg
##     <num> <num>    <num>
## 1:      0     1 19.75000
## 2:      1     1 28.37143
## 3:      1     0 20.74286
## 4:      0     0 15.05000
```

其中，方法 3 的 `list(vs,am)` 可以简写为 `.(vs,am)`，这是 `data.table` 包中特殊的简化形式，在 `tidyfst` 包中得到了沿用。除了汇总计算的 `summarise_dt` 函数能够进行分组计算外，更新（`mutate_dt`）、抽样（`slice_sample_dt`）等其他函数也都有 `by` 参数，以供用

户进行分组更新、分组抽样等操作。

3.4.7　列的重命名

数据框的每列都有自己的名称，这个名称是可以根据需要进行更改的，唯一的原则是同一个数据框中不应该出现重复的列名称，否则在选取列的时候就会出现问题。在 `tidyfst` 包中，我们可以使用 `rename_dt` 函数来对列进行重命名，例如我们要把 `ir` 数据框中的 `Sepal.Length` 列重命名为 `sl`，可以这样操作：

```
ir %>% rename_dt(sl = Sepal.Length)
## Index: <Petal.Width>
##         sl Sepal.Width Petal.Length Petal.Width   Species
##      <num>       <num>        <num>       <num>    <fctr>
##   1:   5.1         3.5          1.4         0.2    setosa
##   2:   4.9         3.0          1.4         0.2    setosa
##   3:   4.7         3.2          1.3         0.2    setosa
##   4:   4.6         3.1          1.5         0.2    setosa
##   5:   5.0         3.6          1.4         0.2    setosa
##  ---
## 146:   6.7         3.0          5.2         2.3 virginica
## 147:   6.3         2.5          5.0         1.9 virginica
## 148:   6.5         3.0          5.2         2.0 virginica
## 149:   6.2         3.4          5.4         2.3 virginica
## 150:   5.9         3.0          5.1         1.8 virginica
```

可以同时在 `rename_dt` 函数中对多个列进行重命名，只要用逗号隔开即可：

```
ir %>% rename_dt(sl = Sepal.Length,sw = Sepal.Width)
## Index: <Petal.Width>
##         sl    sw Petal.Length Petal.Width   Species
##      <num> <num>        <num>       <num>    <fctr>
##   1:   5.1   3.5          1.4         0.2    setosa
##   2:   4.9   3.0          1.4         0.2    setosa
##   3:   4.7   3.2          1.3         0.2    setosa
##   4:   4.6   3.1          1.5         0.2    setosa
##   5:   5.0   3.6          1.4         0.2    setosa
##  ---
## 146:   6.7   3.0          5.2         2.3 virginica
## 147:   6.3   2.5          5.0         1.9 virginica
## 148:   6.5   3.0          5.2         2.0 virginica
## 149:   6.2   3.4          5.4         2.3 virginica
## 150:   5.9   3.0          5.1         1.8 virginica
```

有时，我们需要对列名称进行批量更改，这时候就可以使用 `rename_with_dt` 函数进行实现。例如，我们要把列名称统一改成用大写字母表示，那么可以结合基本包中的 `toupper` 函数实现：

```
ir %>% rename_with_dt(toupper)
## Index: <PETAL.WIDTH>
##      SEPAL.LENGTH SEPAL.WIDTH PETAL.LENGTH PETAL.WIDTH   SPECIES
##             <num>       <num>        <num>       <num>    <fctr>
##   1:          5.1         3.5          1.4         0.2    setosa
##   2:          4.9         3.0          1.4         0.2    setosa
##   3:          4.7         3.2          1.3         0.2    setosa
##   4:          4.6         3.1          1.5         0.2    setosa
##   5:          5.0         3.6          1.4         0.2    setosa
##  ---
## 146:          6.7         3.0          5.2         2.3 virginica
## 147:          6.3         2.5          5.0         1.9 virginica
## 148:          6.5         3.0          5.2         2.0 virginica
## 149:          6.2         3.4          5.4         2.3 virginica
## 150:          5.9         3.0          5.1         1.8 virginica
```

如果需要对所有列的名称进行一一指定，那么可以使用基本包中的 `setNames` 函数实现。例如我们要把 `ir` 的列名称改为 V1～V5，可以这样操作：

```
ir %>% setNames(paste0("V",1:5))
## Index: <V4>
##         V1    V2    V3    V4        V5
##      <num> <num> <num> <num>    <fctr>
##   1:   5.1   3.5   1.4   0.2    setosa
##   2:   4.9   3.0   1.4   0.2    setosa
##   3:   4.7   3.2   1.3   0.2    setosa
##   4:   4.6   3.1   1.5   0.2    setosa
##   5:   5.0   3.6   1.4   0.2    setosa
##  ---
## 146:   6.7   3.0   5.2   2.3 virginica
## 147:   6.3   2.5   5.0   1.9 virginica
## 148:   6.5   3.0   5.2   2.0 virginica
## 149:   6.2   3.4   5.4   2.3 virginica
## 150:   5.9   3.0   5.1   1.8 virginica
```

3.5 多表连接

连接是指根据表格所包含的共同信息来对多个表格进行合并的过程。首先我们构造一个案例数据，以供演示。其中一个表格名为workers，包含姓名和单位信息；另一个表格名为position，包含姓名和职位信息，代码实现如下：

```
workers = fread("
    name company
    Nick Acme
    John Ajax
    Daniela Ajax
")

positions = fread("
    name position
    John designer
    Daniela engineer
    Cathie manager
")

workers
##        name company
##      <char>  <char>
## 1:    Nick    Acme
## 2:    John    Ajax
## 3: Daniela    Ajax
positions
##        name position
##      <char>   <char>
## 1:    John designer
## 2: Daniela engineer
## 3:  Cathie  manager
```

基本的连接可以分为内连接、全连接、左连接和右连接。其中内连接又称为自然连接，该操作会从结果表中删除与其他被连接表中没有匹配行的所有行，只保留两个表格中都包含的数据条目。下面我们对内连接演示：

```
# tidyfst
workers %>% inner_join_dt(positions)
## Joining by: name
## Key: <name>
##        name company position
##      <char>  <char>   <char>
## 1: Daniela    Ajax engineer
## 2:    John    Ajax designer
# data.table
```

```
workers %>% merge(positions)
## Key: <name>
##       name company position
##     <char>  <char>   <char>
## 1: Daniela    Ajax engineer
## 2:    John    Ajax designer
```

全连接会保留所有表格的所有信息，代码实现如下：

```
# tidyfst
workers %>% full_join_dt(positions)
## Joining by: name
## Key: <name>
##       name company position
##     <char>  <char>   <char>
## 1:  Cathie    <NA>  manager
## 2: Daniela    Ajax engineer
## 3:    John    Ajax designer
## 4:    Nick    Acme     <NA>
# data.table
workers %>% merge(positions,all = T)
## Key: <name>
##       name company position
##     <char>  <char>   <char>
## 1:  Cathie    <NA>  manager
## 2: Daniela    Ajax engineer
## 3:    John    Ajax designer
## 4:    Nick    Acme     <NA>
```

左连接则仅会保证左边（即第一个出现的）表格的信息会被完全保留，右边（第二个）表格的信息只有与第一个表格的信息匹配的才能够保留。示例如下：

```
# tidyfst
workers %>% left_join_dt(positions)
## Joining by: name
## Key: <name>
##       name company position
##     <char>  <char>   <char>
## 1: Daniela    Ajax engineer
## 2:    John    Ajax designer
## 3:    Nick    Acme     <NA>
# data.table
workers %>% merge(positions,all.x = T)
```

```
## Key: <name>
##        name company position
##      <char>  <char>   <char>
## 1: Daniela    Ajax engineer
## 2:    John    Ajax designer
## 3:    Nick    Acme     <NA>
```

右连接是左连接的逆运算，即完全保留第二个表格的信息，而第一个表格中只有与第二个表格的信息匹配的内容才能保留。示例如下：

```
# tidyfst
workers %>% right_join_dt(positions)
## Joining by: name
## Key: <name>
##        name company position
##      <char>  <char>   <char>
## 1:  Cathie    <NA>  manager
## 2: Daniela    Ajax engineer
## 3:    John    Ajax designer
# data.table
workers %>% merge(positions,all.y = T)
## Key: <name>
##        name company position
##      <char>  <char>   <char>
## 1:  Cathie    <NA>  manager
## 2: Daniela    Ajax engineer
## 3:    John    Ajax designer
```

在上面的示例中，我们并没有对匹配列进行特殊指定，这个时候函数会自动识别两个表格中的同名列，并根据同名列进行匹配。因此下面的代码在实质上是等价的：

```
# tidyfst
workers %>% left_join_dt(positions) #等价于
workers %>% left_join_dt(positions,by = "name")

# data.table
workers %>% merge(positions,all.x = T) #等价于
workers %>% merge(positions,all.x = T,by = "name")
```

当左右表格的匹配列名称不同的时候，在tidyfst包中我们需要灵活地改变by参数。下面我们演示一种匹配列名称不同的情况：

```
positions2 = setNames(positions, c("worker", "position"))
workers
```

```
##        name company
##       <char>  <char>
## 1:     Nick    Acme
## 2:     John    Ajax
## 3: Daniela    Ajax
positions2
##      worker position
##      <char>   <char>
## 1:     John designer
## 2: Daniela engineer
## 3:  Cathie  manager
workers %>% inner_join_dt(positions2, by = c("name" = "worker"))
## Key: <name>
##        name company position
##      <char>  <char>   <char>
## 1: Daniela    Ajax engineer
## 2:     John    Ajax designer
```

也可以使用 on 参数，这样可以换一种实现方法：

```
workers %>% inner_join_dt(positions2,on = "name==worker")
##        name company position
##      <char>  <char>   <char>
## 1:     John    Ajax designer
## 2: Daniela    Ajax engineer
```

而在 data.table 包中，则需要同时设置 by.x 和 by.y 参数：

```
workers %>% merge(positions2,by.x = "name",by.y = "worker")
## Key: <name>
##        name company position
##      <char>  <char>   <char>
## 1: Daniela    Ajax engineer
## 2:     John    Ajax designer
```

此外，还有一种特殊的连接方式叫作过滤型连接，它包括反连接和半连接。半连接与左连接相似，但是它只保留了左表格的所有列，而右表格的列则不会放入结果。这相当于只提取了右表格的匹配列，然后与左表格进行连接，示例如下：

```
workers %>% semi_join_dt(positions)
## Joining by: name
##        name company
##      <char>  <char>
## 1:     John    Ajax
```

```
## 2: Daniela    Ajax
```

我们可以看到，John 和 Daniela 在两个表格中都有，因此被保留下来。同时右表 positions 包含的 position 列的信息没有保留。而反连接则与半连接相反，它会保留左表和右表对应列相异的部分：

```
workers %>% anti_join_dt(positions)
## Joining by: name
##       name company
##     <char>  <char>
## 1:    Nick    Acme
```

因为 Nick 只在 workers 表中出现，而没在 positions 表出现，因此被保留下来，同时列信息也仅保留了 workers 中的部分。

3.6 长宽转换

数据框的长宽转换是常见的数据操作之一。在数据框中，往往每一行代表一个样本，而每一列代表一个属性。举例来说，例如我们构造了一个名为 stocks 的数据框，并赋予它 4 个属性（分别是时间 time 和名为 X、Y 和 Z 的三个特征）：

```
stocks = data.frame(
  time = as.Date('2009-01-01') + 0:9,
  X = rnorm(10, 0, 1),
  Y = rnorm(10, 0, 2),
  Z = rnorm(10, 0, 4)
)
stocks
##          time          X           Y          Z
## 1  2009-01-01 -1.0489347  1.52294377 -1.5859663
## 2  2009-01-02 -1.7335863  1.74018048  1.6267143
## 3  2009-01-03  2.4141391 -1.45448542 -4.1542138
## 4  2009-01-04 -0.1956418  1.25324146 -5.0235252
## 5  2009-01-05  0.9267870 -2.18288546  4.6280869
## 6  2009-01-06 -0.7134636 -1.03218905  4.1547060
## 7  2009-01-07 -1.2997417  0.03386793 -0.3809534
## 8  2009-01-08  0.8842964  1.32198138 -4.3931743
## 9  2009-01-09  1.2006415 -1.45906624  2.2414170
## 10 2009-01-10 -1.1703398  1.70275478 -1.0121153
```

这个数据是一个典型的“宽数据”，每一行代表 time、X、Y、Z 4 个属性的具体数值。如果要把它转为“长数据”，可以使用 tidyfst 包中的 longer_dt 函数进行实现：

```
stocks %>%
  longer_dt(time) -> long_stocks
long_stocks
##           time   name       value
##         <Date> <fctr>       <num>
##  1: 2009-01-01      X -1.04893466
##  2: 2009-01-02      X -1.73358634
##  3: 2009-01-03      X  2.41413909
##  4: 2009-01-04      X -0.19564177
##  5: 2009-01-05      X  0.92678696
##  6: 2009-01-06      X -0.71346363
##  7: 2009-01-07      X -1.29974171
##  8: 2009-01-08      X  0.88429640
##  9: 2009-01-09      X  1.20064152
## 10: 2009-01-10      X -1.17033978
## 11: 2009-01-01      Y  1.52294377
## 12: 2009-01-02      Y  1.74018048
## 13: 2009-01-03      Y -1.45448542
## 14: 2009-01-04      Y  1.25324146
## 15: 2009-01-05      Y -2.18288546
## 16: 2009-01-06      Y -1.03218905
## 17: 2009-01-07      Y  0.03386793
## 18: 2009-01-08      Y  1.32198138
## 19: 2009-01-09      Y -1.45906624
## 20: 2009-01-10      Y  1.70275478
## 21: 2009-01-01      Z -1.58596634
## 22: 2009-01-02      Z  1.62671431
## 23: 2009-01-03      Z -4.15421377
## 24: 2009-01-04      Z -5.02352519
## 25: 2009-01-05      Z  4.62808688
## 26: 2009-01-06      Z  4.15470600
## 27: 2009-01-07      Z -0.38095340
## 28: 2009-01-08      Z -4.39317427
## 29: 2009-01-09      Z  2.24141699
## 30: 2009-01-10      Z -1.01211530
##           time   name       value
```

longer_dt 函数会接收的变量为固定不变的分组列，这里是时间 time 列，那么其余变量的名称就会统一作为 name 列，其数值则归为 value 列。通过 name 参数和 value 参数可以改变这两列的名称。例如我们要把当前的 name 和 value 改为其大写形式，可以这样实现：

```
stocks %>%
  longer_dt(time,name = "NAME",value = "VALUE")
##            time   NAME       VALUE
##          <Date> <fctr>       <num>
##   1: 2009-01-01      X -1.04893466
##   2: 2009-01-02      X -1.73358634
##   3: 2009-01-03      X  2.41413909
##   4: 2009-01-04      X -0.19564177
##   5: 2009-01-05      X  0.92678696
##   6: 2009-01-06      X -0.71346363
##   7: 2009-01-07      X -1.29974171
##   8: 2009-01-08      X  0.88429640
##   9: 2009-01-09      X  1.20064152
##  10: 2009-01-10      X -1.17033978
##  11: 2009-01-01      Y  1.52294377
##  12: 2009-01-02      Y  1.74018048
##  13: 2009-01-03      Y -1.45448542
##  14: 2009-01-04      Y  1.25324146
##  15: 2009-01-05      Y -2.18288546
##  16: 2009-01-06      Y -1.03218905
##  17: 2009-01-07      Y  0.03386793
##  18: 2009-01-08      Y  1.32198138
##  19: 2009-01-09      Y -1.45906624
##  20: 2009-01-10      Y  1.70275478
##  21: 2009-01-01      Z -1.58596634
##  22: 2009-01-02      Z  1.62671431
##  23: 2009-01-03      Z -4.15421377
##  24: 2009-01-04      Z -5.02352519
##  25: 2009-01-05      Z  4.62808688
##  26: 2009-01-06      Z  4.15470600
##  27: 2009-01-07      Z -0.38095340
##  28: 2009-01-08      Z -4.39317427
##  29: 2009-01-09      Z  2.24141699
##  30: 2009-01-10      Z -1.01211530
##            time   NAME       VALUE
```

另外，“长数据”也可以变宽，在 tidyfst 包中可以通过 wider_dt 函数实现。以刚才我们生成的 long_stocks 数据框为例，可以这样对其进行转化：

```
wide_stockes = long_stocks %>%
  wider_dt(name = "name",value = "value")
wide_stockes
## Key: <time>
```

```
##            time          X           Y          Z
##          <Date>      <num>       <num>      <num>
##  1: 2009-01-01 -1.0489347  1.52294377 -1.5859663
##  2: 2009-01-02 -1.7335863  1.74018048  1.6267143
##  3: 2009-01-03  2.4141391 -1.45448542 -4.1542138
##  4: 2009-01-04 -0.1956418  1.25324146 -5.0235252
##  5: 2009-01-05  0.9267870 -2.18288546  4.6280869
##  6: 2009-01-06 -0.7134636 -1.03218905  4.1547060
##  7: 2009-01-07 -1.2997417  0.03386793 -0.3809534
##  8: 2009-01-08  0.8842964  1.32198138 -4.3931743
##  9: 2009-01-09  1.2006415 -1.45906624  2.2414170
## 10: 2009-01-10 -1.1703398  1.70275478 -1.0121153
```

在 wider_dt 函数中，我们需要指定哪一列是列名称，哪一列是数值，这样才能正确识别对应列然后完成转化。

3.7　集合运算

集合在数学中指的是一个或多个元素所构成的整体。在数据框中，基本元素就是由行构成的观测样本，因此数据框之间也可以进行集合运算。常见的集合运算包括求交集、并集和差集，如图 3-1 所示。

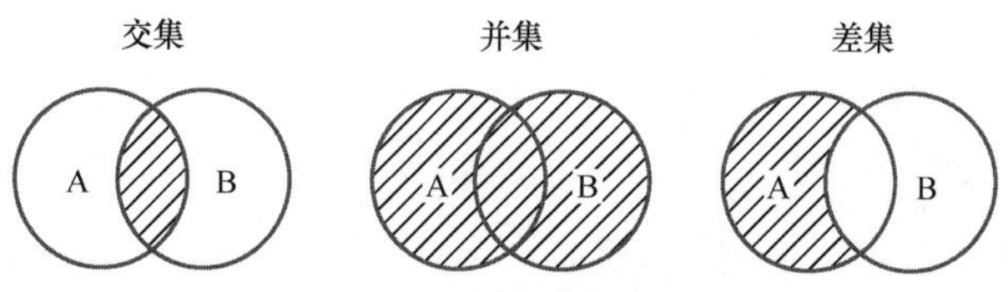

图 3-1　基本集合运算示意图

下面以 iris 数据集为例，利用之前的 ir 数据框，我们再构造 3 个数据框：

```
x = ir[c(2,3,3,4),]
x2 = ir[2:4,]
y = ir[c(3:5),]
x
##    Sepal.Length Sepal.Width Petal.Length Petal.Width Species
##           <num>       <num>        <num>       <num>  <fctr>
## 1:          4.9         3.0          1.4         0.2  setosa
## 2:          4.7         3.2          1.3         0.2  setosa
## 3:          4.7         3.2          1.3         0.2  setosa
## 4:          4.6         3.1          1.5         0.2  setosa
```

```
x2
##    Sepal.Length Sepal.Width Petal.Length Petal.Width Species
##           <num>       <num>        <num>       <num>  <fctr>
## 1:          4.9         3.0          1.4         0.2  setosa
## 2:          4.7         3.2          1.3         0.2  setosa
## 3:          4.6         3.1          1.5         0.2  setosa
y
##    Sepal.Length Sepal.Width Petal.Length Petal.Width Species
##           <num>       <num>        <num>       <num>  <fctr>
## 1:          4.7         3.2          1.3         0.2  setosa
## 2:          4.6         3.1          1.5         0.2  setosa
## 3:          5.0         3.6          1.4         0.2  setosa
```

在 tidyfst 包中，如果想要获得交集，可以使用 intersect_dt 函数进行实现：

```
intersect_dt(x, y)
##    Sepal.Length Sepal.Width Petal.Length Petal.Width Species
##           <num>       <num>        <num>       <num>  <fctr>
## 1:          4.7         3.2          1.3         0.2  setosa
## 2:          4.6         3.1          1.5         0.2  setosa
```

如果求并集，则可以使用 union_dt 函数：

```
union_dt(x, y)
##    Sepal.Length Sepal.Width Petal.Length Petal.Width Species
##           <num>       <num>        <num>       <num>  <fctr>
## 1:          4.9         3.0          1.4         0.2  setosa
## 2:          4.7         3.2          1.3         0.2  setosa
## 3:          4.6         3.1          1.5         0.2  setosa
## 4:          5.0         3.6          1.4         0.2  setosa
```

需要注意的是，如果这些元素（即行）有重复的，那么会直接被认为是一个样本，从而自动去除重复行。如果想要保留这些重复行，可以将参数 all 设置为 TRUE：

```
union_dt(x, y,all = TRUE)
##    Sepal.Length Sepal.Width Petal.Length Petal.Width Species
##           <num>       <num>        <num>       <num>  <fctr>
## 1:          4.9         3.0          1.4         0.2  setosa
## 2:          4.7         3.2          1.3         0.2  setosa
## 3:          4.7         3.2          1.3         0.2  setosa
## 4:          4.6         3.1          1.5         0.2  setosa
## 5:          4.7         3.2          1.3         0.2  setosa
## 6:          4.6         3.1          1.5         0.2  setosa
## 7:          5.0         3.6          1.4         0.2  setosa
```

求差集的话，可以使用 setdiff_dt 函数。例如，我们想要 x 中存在而 y 中不存在的行，可以这样操作：

```
setdiff_dt(x, y)
##    Sepal.Length Sepal.Width Petal.Length Petal.Width Species
##           <num>       <num>        <num>       <num>  <fctr>
## 1:          4.9           3          1.4         0.2  setosa
```

以上介绍的函数，实际上是对 data.table 的集合运算函数进行封装，intersect_dt、union_dt、setdiff_dt 这些函数分别对应于 data.table 包中的 fintersect、funion、fsetdiff 函数，但是 tidyfst 包会自动地把任意数据框转化为 data.table 格式，而 data.table 包则默认这些数据框已经是 data.table 格式，如果不是 data.table 格式则会报错，因此 tidyfst 包的处理要更加稳健一些。

3.8 缺失值处理

在实际的应用中，我们往往无法获得完整的数据，即有些属性存在缺失值。这个时候，我们往往无法直接利用这个数据进行建模统计，需要对其进行一定的处理。一种简单的处理方法就是删除缺失记录，例如 na.omit 函数可以删掉任意包含缺失值的行。接下来举例说明：

```
df <- data.table(x = c(1, 2, NA), y = c("a", NA, "b"))
df %>% na.omit()
##        x      y
##    <num> <char>
## 1:     1      a
```

有时，我们只需要删除某一列中存在缺失值的条目，这时候就可以使用 tidyfst 包的 drop_na_dt 函数。例如我们只删除 x 列中包含缺失值的条目，可以这样操作：

```
df %>% drop_na_dt(x)
##        x      y
##    <num> <char>
## 1:     1      a
## 2:     2   <NA>
```

这样的话，y 中包含缺失值的条目会被保留下来。另一种处理方案是对缺失值进行填充，填充的方法有很多种。其中一种是填充指定的值，例如我们可以对上面构造的 df 数据框的 x 列填充 0，实现如下：

```
df %>% replace_na_dt(x,to = 0)
##        x      y
```

```
##     <num> <char>
## 1:      1      a
## 2:      2   <NA>
## 3:      0      b
```

在上面的例子中，我们利用 tidyfst 包中的 replace_na_dt 函数将 x 列中的缺失值填充为 0。此外，我们可以将上一个观测值作为下面缺失的填充值，这可以使用 tidyfst 包的 fill_na_dt 函数实现：

```
df %>% fill_na_dt(y)
##         x      y
##     <num> <char>
## 1:      1      a
## 2:      2      a
## 3:     NA      b
```

如果需要用后面的值来填充前面的缺失值，则需要将 direction 参数设置为 up：

```
df %>% fill_na_dt(y,direction = "up")
##         x      y
##     <num> <char>
## 1:      1      a
## 2:      2      b
## 3:     NA      b
```

针对数值列，我们有时会使用非缺失数值的均值、中位数或众数来对缺失值进行填充。tidyfst 包中的 impute_dt 函数可以实现这个功能，例如我们需要利用均值来填充之前 df 数据框中的 x 列：

```
df %>% impute_dt(x,.func = "mean")
##         x      y
##     <num> <char>
## 1:    1.0      a
## 2:    2.0   <NA>
## 3:    1.5      b
```

如果想使用众数或中位数来填充，则可以修改 .func 参数进行实现（用众数填充时将参数设置为 mode，用中位数填充时将参数设置为 median）。

3.9　列表列的运用

列表列（list column）是 R 语言中相对较新的一个概念，它能够根据分组把一整块数据集成在一起成为一列，而这个列的数据类型为列表（list）。以 iris 数据框为例，我们可以将 Species（物种）属性作为分组变量，把数据分割为三部分。在 tidyfst 包中可以使用 nest_dt 函数进行实现：

```
iris %>%
  nest_dt(Species) -> nested_ir
nested_ir
##       Species                 ndt
##        <fctr>              <list>
## 1:     setosa <data.table[50x4]>
## 2: versicolor <data.table[50x4]>
## 3:  virginica <data.table[50x4]>
```

可以看到，在 nest_dt 函数中我们声明了按照什么列进行分组，然后把剩下的所有数据聚合成一个名为 ndt 的列表列（这个名字可以使用.name 参数进行修改），而 ndt 列中的每一个分组是一个 50 行 4 列的 data.table。这样的话，我们可以利用新构造的列表列来对每一个物种进行回归分析，从而探究 Sepal.Length 和 Petal.Length 的线性关系。方法如下：

```
nested_ir %>%
  mutate_dt(model = lapply(ndt,function(x) lm(Sepal.Length~Petal.Length - 1,
data = x))) -> ir_model
ir_model
##       Species                 ndt    model
##        <fctr>              <list>   <list>
## 1:     setosa <data.table[50x4]> <lm[12]>
## 2: versicolor <data.table[50x4]> <lm[12]>
## 3:  virginica <data.table[50x4]> <lm[12]>
```

经过上面的步骤，我们为每一个物种都构造了线性模型（-1 表示做回归分析的时候忽略截距项），并保存在 model 列中。这里使用了 lapply 函数，它可以对列表中的每一个部分都进行统一的函数操作，然后返回一个列表。例如我们想要提取所有模型的回归系数，可以这样操作：

```
ir_model %>%
  mutate_dt(coef = lapply(model,coef))
##       Species                 ndt    model     coef
##        <fctr>              <list>   <list>   <list>
## 1:     setosa <data.table[50x4]> <lm[12]> 3.384772
## 2: versicolor <data.table[50x4]> <lm[12]> 1.386768
## 3:  virginica <data.table[50x4]> <lm[12]> 1.184769
```

在这里，我们构造了一个新列，其名称为 coef，它依然是一个列表。如果想要获得我们熟悉的数值列，则可以使用 unnest_dt 函数：

```
ir_model %>%
  mutate_dt(coef = lapply(model,coef)) %>%
  unnest_dt(coef)
##        Species     coef
##         <fctr>    <num>
## 1:      setosa 3.384772
## 2: versicolor 1.386768
## 3:  virginica 1.184769
```

tidyfst 包中的 unnest_dt 函数可以对特定的列表列进行展开（当有多个列表列时，只能指定一个进行展开，其余列表列会被自动清除）。这样，我们就可以看到经过回归建模后三个物种的回归系数分别是多少。

第 4 章　tidyverse 快速入门

tidyverse 是一个由 R 语言编写的开源数据科学工具集，它由多个 R 包组成，提供了一系列具有特定风格的函数，用于数据处理、可视化和建模等数据科学任务。这个工具集旨在帮助用户更加高效、优雅地处理数据，避免重复劳动，提高数据科学的生产率。tidyverse 中知名的工具包有 ggplot2、dplyr、tidyr、readr 等，它们提供了强大的数据处理和可视化功能，并且支持管道操作，使得数据分析变得更加简单、直观，易于维护。本书之所以要介绍 tidyverse 工具，是因为它在机器学习中能够极大地帮助我们完成建模之前的数据清洗转化工作，甚至有很多机器学习工具包是基于 tidyverse 的理念进行设计的。本章将会面向数据读取、数据整理和数据可视化三个任务来展开对 tidyverse 不同工具包的介绍。对 tidyverse 工具及其思想的准确把握，有助于我们在后续的学习中更好地进行高效编码，从而快速地完成机器学习的各个步骤。

4.1　数据读取（readr）

数据读取又称数据导入（data import），是把外部数据导入计算机内部环境的过程。尽管数据读取在实现上极为简便，但是如果稍有不慎，也会导致数据导入失败，或者是导入的数据有所偏差。针对这些问题，tidyverse 的 readr 包有自己的一套解决方案，本节会结合数据读取中可能出现的问题，用 readr 包来对读取过程进行介绍。数据读取的第一个关键问题，是要在读取的时候告诉计算机文件所在的路径。每次打开 R 环境的时候，其实会有一个默认的工作路径，如果想要获知这个信息，可以使用 getwd 函数，具体实现方法如下：

```
getwd()
```

如果要读取的文件不在当前的工作路径下，那么需要声明其绝对位置在哪里。例如 D 盘的根目录下如果有一个名为 iris.csv 的 csv 文件，那么我们可以这样进行读取：

```
library(readr)
my_iris = read_csv("D:/iris.csv")
```

注意，路径和文件名之间需要用斜杠分隔，如果需要使用反斜杠，则需要用双反斜杠，否则代码会报错。

```
my_iris = read_csv("D:\\iris.csv")
```

上面提到的csv文件是一种逗号分隔符文件，这是一种通用的文件格式。实际上，分隔符不仅可以使用逗号(,)，还可以使用其他符号。如果使用分号(;)，那么可以使用 read_csv2 函数来进行读取；如果使用制表符作为分割符，那么可以使用 read_tsv 函数进行读取。如果分隔符是任意指定符号，那么需要使用 read_delim 函数来进行读取，并在 delim 参数中声明分隔的符号类型。这些都是 readr 包中的数据读取函数，它们的整体设计都是相似的。此外，在数据读取中，我们可以对一些设置进行声明。例如 skip 参数可以告诉函数需要跳过多少行再开始读取；col_names 参数可以让我们决定是否使用表头来作为列名称，抑或是自己来声明列名称；col_type 参数可以让我们设定读入的列是什么数据类型；col_select 参数可以告诉函数我们要读取哪些列；na 参数可以让我们声明什么样的数据会被认为是缺失的；n_max 参数可以设置我们要读多少行数据，这使得我们可以抽样来观察数据的情况。同时，readr 包还包含了关于写出数据的系列函数，常用的包括 write_csv、write_delim 等。比较实用的函数是 write_excel_csv，在编码格式不一致的时候，写出的文件可能会显示乱码（特别是当文件包含中文字符型数据的时候），但是用 write_excel_csv 函数写出的文件一般都能够正确显示字符型的数据。下面，我们给出一些代码例子来描述 readr 包的使用：

```
library(readr)

# 把iris数据集写出到D盘根目录下
write_csv(iris,"D:/iris.csv")

# 把csv文件读入且保存到变量my_iris中
my_iris = read_csv("D:/iris.csv")

# 参数设置演示，读入文件保存在my_iris2变量中
read_csv(
  file = "D:/iris.csv", # 路径设置
  skip = 2, # 跳过前2行
  n_max = 5, # 只读前5条记录
  col_names = c("sl","sw","pl","pw","species"), # 自定义列名称
  col_types = "nnnnc", # 设置列类型，前4列为n，代表数值型；最后为c，代表字符型
) -> my_iris2

# 删除写出的文件
unlink("D:/iris.csv")
```

4.2 数据整理

数据整理是一个比较宽泛的概念，通常也有人将其称为数据清洗、数据操作等。在 tidyverse 中，对于数据类型的转换与处理有很多强大的工具包支撑，我们将根据操作类型的不同分别介绍。

4.2.1 批处理（purrr）

在各种编程语言中，都有一种常见的情况，就是对向量中的每一个元素进行同一种操作。这时候我们往往需要使用循环语句完成遍历，但是 R 语言非常讲究“向量化”思维，这样能够有效减少代码量，提高编程效率。在基本包中，我们通常使用 apply 族函数来进行向量化操作，经典的函数包括 apply、lapply、sapply 等。在 tidyverse 生态中，purrr 包提供了一系列能够支撑向量化的操作，由于其设计理念具有一致性，因此更加容易学习。学习 purrr 包，首先要掌握的就是 map 族函数。首先我们要明晰的是，map 函数能够接收列表或向量，对列表或向量中的每一个元素完成操作后，返回一个列表。例如，我们要对从 1 到 10 的整数都乘以 2，可以这样操作：

```
library(tidyverse)
map(1:10,function(x) x * 2)
## [[1]]
## [1] 2
##
## [[2]]
## [1] 4
##
## [[3]]
## [1] 6
##
## [[4]]
## [1] 8
##
## [[5]]
## [1] 10
##
## [[6]]
## [1] 12
##
## [[7]]
## [1] 14
##
```

```
## [[8]]
## [1] 16
##
## [[9]]
## [1] 18
##
## [[10]]
## [1] 20
```

可以看出来，代码返回了一个长度为10的列表。如果想要得到向量，可以在原来的基础上去列表化：

```
map(1:10,function(x) x * 2) %>% unlist()
##  [1]  2  4  6  8 10 12 14 16 18 20
```

更直接的一个方法是使用 map_ 作为前缀的一组函数，例如 map_dbl，这个函数能够自动把返回的列表转化为一个数值型向量（这里的 dbl 就是 double 的缩写）。也就是上面的操作我们可以这样实现：

```
map_dbl(1:10,function(x) x * 2)
```

此外，map 函数还有一种简化的形式，这意味着上面的函数我们还可以这样写：

```
map_dbl(1:10,~ .x * 2)
```

这种简写方法减少了代码量。在日常探索中，我们可以使用简化的写法来提高效率；但是在大项目的维护中，还是推荐使用完整的函数写法，这样可以提高代码的可读性和可扩展性。除了可以使用 map_dbl 函数让向量化操作返回数值型向量，我们还可以使用其他 map_族函数返回其他类型。这些函数包括 map_int（整数型）、map_chr（字符型）、map_lgl（逻辑型）。比较特殊的是 map_dfc 和 map_dfr 函数，这些函数意味着我们使用的批处理最后会返回一个数据框，而这些数据框以一定的方法被组织起来。在 map_dfc 函数中，返回的数据框最后会以列合并的方法组织；在 map_dfr 函数中，返回的数据框最后会以行合并的方法组织。举个例子来说明：

```
# 生成一个列表，它包括3个数据框
mtcars %>%
  split(mtcars$cyl) -> mtcars_list

# 对于每一个数据框，都筛选出 disp 大于 100 的记录，然后合并
mtcars_list %>%
  map_dfr(function(x) filter(x,disp > 100))
##                    mpg cyl  disp  hp drat    wt  qsec vs am gear carb
```

```
## Datsun 710          22.8   4 108.0  93 3.85 2.320 18.61  1  1    4    1
## Merc 240D           24.4   4 146.7  62 3.69 3.190 20.00  1  0    4    2
## Merc 230            22.8   4 140.8  95 3.92 3.150 22.90  1  0    4    2
## Toyota Corona       21.5   4 120.1  97 3.70 2.465 20.01  1  0    3    1
## Porsche 914-2       26.0   4 120.3  91 4.43 2.140 16.70  0  1    5    2
## Volvo 142E          21.4   4 121.0 109 4.11 2.780 18.60  1  1    4    2
## Mazda RX4           21.0   6 160.0 110 3.90 2.620 16.46  0  1    4    4
## Mazda RX4 Wag       21.0   6 160.0 110 3.90 2.875 17.02  0  1    4    4
## Hornet 4 Drive      21.4   6 258.0 110 3.08 3.215 19.44  1  0    3    1
## Valiant             18.1   6 225.0 105 2.76 3.460 20.22  1  0    3    1
## Merc 280            19.2   6 167.6 123 3.92 3.440 18.30  1  0    4    4
## Merc 280C           17.8   6 167.6 123 3.92 3.440 18.90  1  0    4    4
## Ferrari Dino        19.7   6 145.0 175 3.62 2.770 15.50  0  1    5    6
## Hornet Sportabout   18.7   8 360.0 175 3.15 3.440 17.02  0  0    3    2
## Duster 360          14.3   8 360.0 245 3.21 3.570 15.84  0  0    3    4
## Merc 450SE          16.4   8 275.8 180 3.07 4.070 17.40  0  0    3    3
## Merc 450SL          17.3   8 275.8 180 3.07 3.730 17.60  0  0    3    3
## Merc 450SLC         15.2   8 275.8 180 3.07 3.780 18.00  0  0    3    3
## Cadillac Fleetwood  10.4   8 472.0 205 2.93 5.250 17.98  0  0    3    4
## Lincoln Continental 10.4   8 460.0 215 3.00 5.424 17.82  0  0    3    4
## Chrysler Imperial   14.7   8 440.0 230 3.23 5.345 17.42  0  0    3    4
## Dodge Challenger    15.5   8 318.0 150 2.76 3.520 16.87  0  0    3    2
## AMC Javelin         15.2   8 304.0 150 3.15 3.435 17.30  0  0    3    2
## Camaro Z28          13.3   8 350.0 245 3.73 3.840 15.41  0  0    3    4
## Pontiac Firebird    19.2   8 400.0 175 3.08 3.845 17.05  0  0    3    2
## Ford Pantera L      15.8   8 351.0 264 4.22 3.170 14.50  0  1    5    4
## Maserati Bora       15.0   8 301.0 335 3.54 3.570 14.60  0  1    5    8
```

这里我们引入了 filter 函数，它可以根据数据框的列是否符合条件来对数据记录进行筛选，filter 函数是 tidyverse 中 dplyr 包的一部分。在这个操作中，我们先生成了一个数据框列表，然后对列表内的每一个数据框都筛选出 disp 大于 100 的记录，最后把这些数据记录使用行合并的方式融合。map_族函数能够对同一向量或列表内的所有元素做同样处理，如果需要对向量或列表中的元素做不同的处理，就需要使用 map2_族函数和 pmap_族函数。例如，如果我们想要让整数向量<1,2,3>分别加上<4,5,6>，那么可以使用 map2_族函数：

```
x = c(1,2,3)
y = c(4,5,6)
map2_int(x,y,function(x,y) x + y)
## [1] 5 7 9
```

参考上面的简写方法，可以用.x 来指代第一个向量，.y 来指代第二个向量，因此上面的操作可以简写为：

```
map2_int(x,y,~.x+.y)
```

如果需要让向量<1,2,3>先分别加上<4,5,6>，然后再分别加上<7,8,9>，就需要使用 pmap_族函数：

```
x = c(1,2,3)
y = c(4,5,6)
z = c(7,8,9)

pmap_int(list(x,y,z),sum)
## [1] 12 15 18
```

注意，我们这里使用了 sum 函数来进行加和，它能够处理任意长度向量的求和问题。此外，我们在演示 map2 和 pmap 族函数的时候，都要求最后返回一个整数向量，因此函数后缀名称均为“_int”。map 族函数对向量或列表的每一个元素都进行相同的操作，最后都会有返回值，这些返回值最后再合并成向量、列表或数据框，作为最终的结果返回。如果我们不需要返回值，而只是需要批处理，那么就可以使用 walk 族函数。例如，如果需要打印字母表前 5 个小写字母，可以这样操作：

```
walk(letters[1:5],print)
## [1] "a"
## [1] "b"
## [1] "c"
## [1] "d"
## [1] "e"
```

由于我们只需要观察打印的结果，而不需要真实的返回值，因此可以使用 walk 函数。除了 map 族函数及其衍生的 walk 族函数之外，purrr 包还包括一系列处理列表的函数，包括 reduce、accumulate、modify 等，它们也都是完成迭代操作的强大工具。限于篇幅，这里不再一一赘述，有兴趣的读者可以在官方文档中进行进一步的了解。

4.2.2　因子操作（forcats）

因子变量是 R 语言中一种特殊的数据结构，其本质是带有等级属性的整数型向量，它能够用来表征分类变量。如果认为以上描述比较抽象，我们不妨这样理解：对于一个字符型变量而言，我们把每一种字符都用一个整数来取代，然后把整数和字符的映射关系也记录下来。例如，我们可以尝试把一个字符型向量转化为因子向量：

```
library(tidyverse)
c("A","B","B") -> char_vec
as.factor(char_vec) -> fct_vec
```

```
char_vec
## [1] "A" "B" "B"
fct_vec
## [1] A B B
## Levels: A B
```

可以发现，因子向量其实是采用一种特殊的形式来表示字符向量。在 `tidyverse` 系统中，`forcats` 包能够有效地对因子变量进行操作。例如我们想要知道因子变量中有哪些因子，那么可以这么操作：

```
# 计数
fct_vec %>% fct_count()
## # A tibble: 2 × 2
##   f         n
##   <fct> <int>
## 1 A         1
## 2 B         2
# 匹配，哪些为"A"
fct_vec %>% fct_match("A")
## [1]  TRUE FALSE FALSE
# 去重
fct_vec %>% fct_unique()
## [1] A B
## Levels: A B
```

如果有两个因子变量需要合并，则可以使用 `fct_c` 函数进行操作：

```
f1 <- factor(c("a", "c"))
f2 <- factor(c("b", "a"))
fct_c(f1, f2)
## [1] a c b a
## Levels: a c b
```

而如果想让多个因子变量拥有同样的等级，则可以使用 `fct_unify` 函数进行操作：

```
fct_unify(list(f2, f1))
## [[1]]
## [1] b a
## Levels: a b c
##
## [[2]]
## [1] a c
## Levels: a b c
```

有时，我们想要调整因子等级的顺序，一种比较简单的方法是直接指定，可以使用 fct_relevel 函数实现：

```
fct_vec
## [1] A B B
## Levels: A B
fct_vec %>% fct_relevel(c("B","A"))
## [1] A B B
## Levels: B A
```

转换之后，“B”就成了顺序最靠前的一个等级。另一种调整顺序的方法是，直接翻转原来的顺序，这可以使用 fct_rev 函数进行实现：

```
fct_vec %>% fct_rev()
## [1] A B B
## Levels: B A
```

除此之外，我们还可以根据因子出现的频次（使用 fct_infreq 函数）和先后顺序（使用 fct_inorder 函数）来给因子的等级排序：

```
fct_vec %>% fct_infreq()  # B 出现较多，因此等级在前面
## [1] A B B
## Levels: B A
fct_vec %>% fct_inorder() # A 率先出现，因此等级在前面
## [1] A B B
## Levels: A B
```

如果我们想要更改因子的等级，可以使用 fct_recode 或 fct_relabel 函数：

```
# 直接修改等级
fct_vec %>% fct_recode(a = "A",b = "B") # 根据对应关系修改
## [1] a b b
## Levels: a b
# 利用函数批量修改等级
fct_vec %>% fct_relabel(tolower) # 将等级改为小写形式
## [1] a b b
## Levels: a b
```

如果要把两种等级因子合并为一种新的等级因子，可以使用 fct_collapse 函数进行实现：

```
# 把 A 和 B 两种因子合并为 x 因子
fct_vec %>% fct_collapse(x = c("A","B"))
## [1] x x x
## Levels: x
```

因子变量在 R 语言编程中具有十分重要的作用，在分析中需要多加注意。学习 forcats 包有利于我们更加了解因子变量的特性,从而在后续工作中更好地利用这种数据结构来完成我们的任务。

4.2.3 时间操作（lubridate）

在 tidyverse 中，lubridate 包能够帮助用户更好地处理时间和日期数据。在 R 语言中，时间和日期数据是一种数据类型，而 lubridate 包能够为这个类型的数据分析提供便利的函数。它的一个重要功能就是可以把符合一定规范的字符串或数值转化为时间变量。例如对于以“年月日”组织的字符串，可以这样转化为日期变量：

```
library(lubridate)

ymd("19900507")
## [1] "1990-05-07"
ymd(19960822)
## [1] "1996-08-22"
```

这里输出的数据已经是日期型，而不是字符串了，我们可以使用 str 函数来查看数据类型：

```
ymd(19960822) %>% str()
##  Date[1:1], format: "1996-08-22"
```

实际上，还有一些函数能够将字符串转化为日期型，例如我们有“年月日时分秒”数据，则可以使用 ymd_hms 函数进行转化：

```
ymd_hms("1990-05-07 17:00:00")
## [1] "1990-05-07 17:00:00 UTC"
```

我们可以看到，生成的数据最后还带有 UTC，它表示时间的时区信息。如果需要对一个时间的时区进行设置，可以使用 tz 参数：

```
ymd("19900507",tz = "Asia/Chongqing")
## [1] "1990-05-07 CDT"
```

此外，lubridate 还能方便地提取特定的时间信息，例如我们要看某一个日期是星期几，可以使用 wday 函数：

```
## The following packages have been unloaded:
## data.table
"1990-05-07 17:00:00" %>% wday(label = T)
```

```
## [1] 周一
## Levels: 周日 < 周一 < 周二 < 周三 < 周四 < 周五 < 周六
```

需要注意的是，如果把它们转化为整数，国外通常认为周日是一周的开始，因此我们获得的“周一”实际上会显示为整数 2：

```
"1990-05-07 17:00:00" %>% wday(label = T) %>% as.numeric()
## [1] 2
```

另外一个重要功能是计算时差，例如想知道两个日期之间相差多少天，可以尝试这样操作：

```
ymd("19960822") - ymd("19900507")
## Time difference of 2299 days
```

上面的结果显示，1996 年 8 月 22 日和 1990 年 5 月 7 日相差了 2299 天。例如想知道 1990 年 5 月 7 日过了 30 个月后是什么时候，可以这样操作：

```
ymd("19900507") + months(30)
## [1] "1992-11-07"
```

以上介绍的是 lubridate 最常用的一些时间操作，如果想要对它的功能进行更加全面的了解，可以参阅其官方文档。

4.2.4 字符串操作（stringr）

字符型是一种重要的数据类型，tidyverse 中的 stringr 包能够对字符串进行各种计算和操作，从而协助我们完成数据的处理。本节将会对 stringr 中重要的功能进行介绍，让读者能够知道 stringr 包能够完成哪些基本操作。在字符级别上，stringr 包能够对字符进行计数、截取、修饰和复制，代码如下所示：

```
library(tidyverse)

# 把一段字符串保存到 x 变量中
x = "黄河之水天上来"

# 对字符串长度进行计数
str_length(x)
## [1] 7
# 截取部分字符串，取位置 1 到 2 的字符
str_sub(x,1,2)
## [1] "黄河"
# 截取部分字符串，取位置倒数第 3 到倒数第 1 的字符
str_sub(x,-3,-1)
## [1] "天上来"
```

```
# 把位置 1 到 2 的字符改为"长江"
str_sub(x,1,2) = "长江"
x
## [1] "长江之水天上来"
# 把"啊"重复 6 次
str_dup("啊",6)
## [1] "啊啊啊啊啊啊"
```

除此之外，stringr 包能够对空白字符做一些操作。例如想让输入的字符能够保持统一长度，那么可以使用 str_pad 函数实现：

```
x = "abc"

# 通过补充空格让字符串长度为 10
str_pad(x,10,"left")  # 空格补在左边
## [1] "       abc"
str_pad(x,10,"right") # 空格补在右边
## [1] "abc       "
str_pad(x,10,"both")  # 空格补在两边
## [1] "   abc    "
```

str_pad 的逆向操作是 str_trim，能够去除字符串两边的空格：

```
x = "  abc  "

str_trim(x,"left")    # 去除左边空格
## [1] "abc  "
str_trim(x,"right")   # 去除右边空格
## [1] "  abc"
str_trim(x,"both")    # 去除两边空格
## [1] "abc"
```

对于英文字母，stringr 包能够对字符进行一些特殊化的操作，例如大小写转换和排序：

```
x = "akc: A Tidy Framework for Automatic Knowledge Classification in R"

# 转换为大写
str_to_upper(x)
## [1] "AKC: A TIDY FRAMEWORK FOR AUTOMATIC KNOWLEDGE CLASSIFICATION IN R"
# 转换为小写
str_to_lower(x)
## [1] "akc: a tidy framework for automatic knowledge classification in r"
# 单词首字母大写
str_to_title(x)
```

```
## [1] "Akc: A Tidy Framework For Automatic Knowledge Classification In R"
y = c("c","a","t")

# 给字符串排序
str_sort(y)
## [1] "a" "c" "t"
# 返回字符串的排序序号
str_order(y)
## [1] 2 1 3
```

最后，我们介绍一下 stringr 包中与特征匹配相关的一些功能。最常用的就是使用 `str_detect` 函数来判断字符串是否符合某一特征：

```
x = c("111","122","123")

# 字符串中是否包含 2
str_detect(x,"2")
## [1] FALSE  TRUE  TRUE
```

利用 `str_subset` 能够直接把符合要求的字符串提取出来：

```
str_subset(x,"2")
## [1] "122" "123"
```

而 `str_count` 函数则可以对符合要求的字符进行计数：

```
str_count(x,"2")
## [1] 0 2 1
```

使用 `str_extract` 函数和 `str_extract_all` 函数能够把符合要求的字符提取出来：

```
# 只提取第一次出现的字符
str_extract(x,"2")
## [1] NA  "2" "2"
# 提取所有符合要求的字符
str_extract_all(x,"2")
## [[1]]
## character(0)
##
## [[2]]
## [1] "2" "2"
##
## [[3]]
## [1] "2"
```

在使用提取功能的时候，需要注意，如果字符串中没有目标字符，函数会返回NA（缺失值）。如果使用 str_extract_all 函数，函数会返回一个列表。一般来说，提取功能会配合正则表达式来提取符合一定标准的字符串。例如，我们可以让正则表达式帮我们匹配所有连续出现的数字：

```
x = c("sdsd345ls","wioel93844sksl")
str_extract(x,"[0-9]+") # 提取连续出现的数字
## [1] "345"   "93844"
```

在上面代码的正则表达式中，我们用[0-9]表示数字，+表示连续出现。正则表达式属于文本挖掘的范畴，已经超出了本书讨论的范围，有兴趣的读者可以参阅笔者编著的另一本图书《文本数据挖掘——基于R语言》。

4.2.5 数据框清洗（tibble/dplyr/tidyr）

在第3章中，我们已经使用 tidyfst 包对数据操作进行了基本介绍。由于 tidyfst 包是参考 tidyverse 理念设计的工具，因此第3章已经介绍了许多相关内容。在本节中，我们会针对 tidyverse 的特色，带读者快速入门 tidyverse 中与数据框清洗相关的工具，包括 tibble、dplyr 和 tidyr。掌握这些工具，有助于读者夯实数据操作基础，同时在实际中更加灵活地使用 tidyverse 工具。首先，我们需要明晰 tidyverse 中的一个基本概念，就是整洁数据（tidy data）。在整洁数据中，每一行代表一条数据记录，每一列代表一个变量，这其实是传统的二维表结构。R 语言中的数据框结构能够很好地对这类数据进行存储，而 tidyverse 生态中的 tibble 包拓展了数据框的功能，它提供了一种名为 tibble 的数据结构，其本质是一个功能加强的数据框。它的重要特性之一就是能够有效地对数据框进行展示。我们用 iris 数据集进行展示：

```
library(tidyverse)

iris
##     Sepal.Length Sepal.Width Petal.Length Petal.Width    Species
## 1            5.1         3.5          1.4         0.2     setosa
## 2            4.9         3.0          1.4         0.2     setosa
## 3            4.7         3.2          1.3         0.2     setosa
## 4            4.6         3.1          1.5         0.2     setosa
## 5            5.0         3.6          1.4         0.2     setosa
## 6            5.4         3.9          1.7         0.4     setosa
## 7            4.6         3.4          1.4         0.3     setosa
## 8            5.0         3.4          1.5         0.2     setosa
## 9            4.4         2.9          1.4         0.2     setosa
## 10           4.9         3.1          1.5         0.1     setosa
## 11           5.4         3.7          1.5         0.2     setosa
```

```
## 12          4.8         3.4          1.6          0.2     setosa
## 13          4.8         3.0          1.4          0.1     setosa
## 14          4.3         3.0          1.1          0.1     setosa
## 15          5.8         4.0          1.2          0.2     setosa
## 16          5.7         4.4          1.5          0.4     setosa
## 17          5.4         3.9          1.3          0.4     setosa
## 18          5.1         3.5          1.4          0.3     setosa
## 19          5.7         3.8          1.7          0.3     setosa
## 20          5.1         3.8          1.5          0.3     setosa
## 21          5.4         3.4          1.7          0.2     setosa
## 22          5.1         3.7          1.5          0.4     setosa
## 23          4.6         3.6          1.0          0.2     setosa
## 24          5.1         3.3          1.7          0.5     setosa
## 25          4.8         3.4          1.9          0.2     setosa
## 26          5.0         3.0          1.6          0.2     setosa
## 27          5.0         3.4          1.6          0.4     setosa
## 28          5.2         3.5          1.5          0.2     setosa
## 29          5.2         3.4          1.4          0.2     setosa
## 30          4.7         3.2          1.6          0.2     setosa
## 31          4.8         3.1          1.6          0.2     setosa
## 32          5.4         3.4          1.5          0.4     setosa
## 33          5.2         4.1          1.5          0.1     setosa
## 34          5.5         4.2          1.4          0.2     setosa
## 35          4.9         3.1          1.5          0.2     setosa
## 36          5.0         3.2          1.2          0.2     setosa
## 37          5.5         3.5          1.3          0.2     setosa
## 38          4.9         3.6          1.4          0.1     setosa
## 39          4.4         3.0          1.3          0.2     setosa
## 40          5.1         3.4          1.5          0.2     setosa
## 41          5.0         3.5          1.3          0.3     setosa
## 42          4.5         2.3          1.3          0.3     setosa
## 43          4.4         3.2          1.3          0.2     setosa
## 44          5.0         3.5          1.6          0.6     setosa
## 45          5.1         3.8          1.9          0.4     setosa
## 46          4.8         3.0          1.4          0.3     setosa
## 47          5.1         3.8          1.6          0.2     setosa
## 48          4.6         3.2          1.4          0.2     setosa
## 49          5.3         3.7          1.5          0.2     setosa
## 50          5.0         3.3          1.4          0.2     setosa
## 51          7.0         3.2          4.7          1.4 versicolor
## 52          6.4         3.2          4.5          1.5 versicolor
## 53          6.9         3.1          4.9          1.5 versicolor
## 54          5.5         2.3          4.0          1.3 versicolor
```

```
## 55          6.5         2.8          4.6         1.5 versicolor
## 56          5.7         2.8          4.5         1.3 versicolor
## 57          6.3         3.3          4.7         1.6 versicolor
## 58          4.9         2.4          3.3         1.0 versicolor
## 59          6.6         2.9          4.6         1.3 versicolor
## 60          5.2         2.7          3.9         1.4 versicolor
## 61          5.0         2.0          3.5         1.0 versicolor
## 62          5.9         3.0          4.2         1.5 versicolor
## 63          6.0         2.2          4.0         1.0 versicolor
## 64          6.1         2.9          4.7         1.4 versicolor
## 65          5.6         2.9          3.6         1.3 versicolor
## 66          6.7         3.1          4.4         1.4 versicolor
## 67          5.6         3.0          4.5         1.5 versicolor
## 68          5.8         2.7          4.1         1.0 versicolor
## 69          6.2         2.2          4.5         1.5 versicolor
## 70          5.6         2.5          3.9         1.1 versicolor
## 71          5.9         3.2          4.8         1.8 versicolor
## 72          6.1         2.8          4.0         1.3 versicolor
## 73          6.3         2.5          4.9         1.5 versicolor
## 74          6.1         2.8          4.7         1.2 versicolor
## 75          6.4         2.9          4.3         1.3 versicolor
## 76          6.6         3.0          4.4         1.4 versicolor
## 77          6.8         2.8          4.8         1.4 versicolor
## 78          6.7         3.0          5.0         1.7 versicolor
## 79          6.0         2.9          4.5         1.5 versicolor
## 80          5.7         2.6          3.5         1.0 versicolor
## 81          5.5         2.4          3.8         1.1 versicolor
## 82          5.5         2.4          3.7         1.0 versicolor
## 83          5.8         2.7          3.9         1.2 versicolor
## 84          6.0         2.7          5.1         1.6 versicolor
## 85          5.4         3.0          4.5         1.5 versicolor
## 86          6.0         3.4          4.5         1.6 versicolor
## 87          6.7         3.1          4.7         1.5 versicolor
## 88          6.3         2.3          4.4         1.3 versicolor
## 89          5.6         3.0          4.1         1.3 versicolor
## 90          5.5         2.5          4.0         1.3 versicolor
## 91          5.5         2.6          4.4         1.2 versicolor
## 92          6.1         3.0          4.6         1.4 versicolor
## 93          5.8         2.6          4.0         1.2 versicolor
## 94          5.0         2.3          3.3         1.0 versicolor
## 95          5.6         2.7          4.2         1.3 versicolor
## 96          5.7         3.0          4.2         1.2 versicolor
## 97          5.7         2.9          4.2         1.3 versicolor
```

```
## 98          6.2         2.9          4.3         1.3 versicolor
## 99          5.1         2.5          3.0         1.1 versicolor
## 100         5.7         2.8          4.1         1.3 versicolor
## 101         6.3         3.3          6.0         2.5  virginica
## 102         5.8         2.7          5.1         1.9  virginica
## 103         7.1         3.0          5.9         2.1  virginica
## 104         6.3         2.9          5.6         1.8  virginica
## 105         6.5         3.0          5.8         2.2  virginica
## 106         7.6         3.0          6.6         2.1  virginica
## 107         4.9         2.5          4.5         1.7  virginica
## 108         7.3         2.9          6.3         1.8  virginica
## 109         6.7         2.5          5.8         1.8  virginica
## 110         7.2         3.6          6.1         2.5  virginica
## 111         6.5         3.2          5.1         2.0  virginica
## 112         6.4         2.7          5.3         1.9  virginica
## 113         6.8         3.0          5.5         2.1  virginica
## 114         5.7         2.5          5.0         2.0  virginica
## 115         5.8         2.8          5.1         2.4  virginica
## 116         6.4         3.2          5.3         2.3  virginica
## 117         6.5         3.0          5.5         1.8  virginica
## 118         7.7         3.8          6.7         2.2  virginica
## 119         7.7         2.6          6.9         2.3  virginica
## 120         6.0         2.2          5.0         1.5  virginica
## 121         6.9         3.2          5.7         2.3  virginica
## 122         5.6         2.8          4.9         2.0  virginica
## 123         7.7         2.8          6.7         2.0  virginica
## 124         6.3         2.7          4.9         1.8  virginica
## 125         6.7         3.3          5.7         2.1  virginica
## 126         7.2         3.2          6.0         1.8  virginica
## 127         6.2         2.8          4.8         1.8  virginica
## 128         6.1         3.0          4.9         1.8  virginica
## 129         6.4         2.8          5.6         2.1  virginica
## 130         7.2         3.0          5.8         1.6  virginica
## 131         7.4         2.8          6.1         1.9  virginica
## 132         7.9         3.8          6.4         2.0  virginica
## 133         6.4         2.8          5.6         2.2  virginica
## 134         6.3         2.8          5.1         1.5  virginica
## 135         6.1         2.6          5.6         1.4  virginica
## 136         7.7         3.0          6.1         2.3  virginica
## 137         6.3         3.4          5.6         2.4  virginica
## 138         6.4         3.1          5.5         1.8  virginica
## 139         6.0         3.0          4.8         1.8  virginica
## 140         6.9         3.1          5.4         2.1  virginica
```

```
## 141          6.7         3.1          5.6          2.4  virginica
## 142          6.9         3.1          5.1          2.3  virginica
## 143          5.8         2.7          5.1          1.9  virginica
## 144          6.8         3.2          5.9          2.3  virginica
## 145          6.7         3.3          5.7          2.5  virginica
## 146          6.7         3.0          5.2          2.3  virginica
## 147          6.3         2.5          5.0          1.9  virginica
## 148          6.5         3.0          5.2          2.0  virginica
## 149          6.2         3.4          5.4          2.3  virginica
## 150          5.9         3.0          5.1          1.8  virginica
ir = as_tibble(iris)
ir
## # A tibble: 150 × 5
##    Sepal.Length Sepal.Width Petal.Length Petal.Width Species
##           <dbl>       <dbl>        <dbl>       <dbl> <fct>
##  1          5.1         3.5          1.4         0.2 setosa
##  2          4.9         3            1.4         0.2 setosa
##  3          4.7         3.2          1.3         0.2 setosa
##  4          4.6         3.1          1.5         0.2 setosa
##  5          5           3.6          1.4         0.2 setosa
##  6          5.4         3.9          1.7         0.4 setosa
##  7          4.6         3.4          1.4         0.3 setosa
##  8          5           3.4          1.5         0.2 setosa
##  9          4.4         2.9          1.4         0.2 setosa
## 10          4.9         3.1          1.5         0.1 setosa
## # ℹ 140 more rows
```

可以发现，在展示的时候，转化为 `tibble` 后的变量 `ir` 会自动显示其行列数量（150×5），同时每一个变量的类型也被显示出来（例如 `dbl` 表示浮点数、`fct` 表示因子），默认先显示 10 行，并告知用户还有 140 行没有被显示。如果需要显示更多的行，提示告诉用户可以使用 `print` 函数。例如我们需要显示 15 行，可以这样操作：

```
ir %>% print(n = 15)
## # A tibble: 150 × 5
##    Sepal.Length Sepal.Width Petal.Length Petal.Width Species
##           <dbl>       <dbl>        <dbl>       <dbl> <fct>
##  1          5.1         3.5          1.4         0.2 setosa
##  2          4.9         3            1.4         0.2 setosa
##  3          4.7         3.2          1.3         0.2 setosa
##  4          4.6         3.1          1.5         0.2 setosa
##  5          5           3.6          1.4         0.2 setosa
##  6          5.4         3.9          1.7         0.4 setosa
##  7          4.6         3.4          1.4         0.3 setosa
```

```
## 8           5           3.4          1.5          0.2 setosa
## 9           4.4         2.9          1.4          0.2 setosa
## 10          4.9         3.1          1.5          0.1 setosa
## 11          5.4         3.7          1.5          0.2 setosa
## 12          4.8         3.4          1.6          0.2 setosa
## 13          4.8         3            1.4          0.1 setosa
## 14          4.3         3            1.1          0.1 setosa
## 15          5.8         4            1.2          0.2 setosa
## # ℹ 135 more rows
```

由于数据基本操作我们已经在第 3 章讲过，这里不再赘述，只是提供一个例子供用户参考如何使用 dplyr 包来对数据进行基本操作：

```
ir %>%
  mutate(group = Species,                          # 新增列
         sl = Sepal.Length,
         sw = Sepal.Width) %>%
  select(group,sl,sw) %>%                          # 选择列
  filter(sl > 5) %>%                               # 筛选行
  arrange(group,sl) %>%                            # 根据变量进行排序
  distinct(sl,.keep_all = T) %>%                   # 根据 sl 去重，保留所有列
  summarise(sw = max(sw),.by = group)              # 分组汇总
## # A tibble: 3 × 2
##   group         sw
##   <fct>      <dbl>
## 1 setosa       4.4
## 2 versicolor   3.3
## 3 virginica    3.8
```

需要注意的是，在最新版本的 dplyr 中，很多函数都加入了 by 或者 .by 参数，让我们可以指定分组操作，而不是像以前一样使用 group_by 函数进行分组。同时，不应忽视的是，dplyr 提供了非常好的工具能够让我们对多列进行更新操作，这需要结合 across 函数。例如，如果我们要为第 2 到 3 列的变量都加上 1，可以这样操作：

```
ir %>%
  mutate(across(2:3, function(x) x + 1))
## # A tibble: 150 × 5
##    Sepal.Length Sepal.Width Petal.Length Petal.Width Species
##           <dbl>       <dbl>        <dbl>       <dbl> <fct>
##  1          5.1         4.5          2.4         0.2 setosa
##  2          4.9         4            2.4         0.2 setosa
##  3          4.7         4.2          2.3         0.2 setosa
##  4          4.6         4.1          2.5         0.2 setosa
```

```
## 5           5           4.6           2.4           0.2 setosa
## 6           5.4         4.9           2.7           0.4 setosa
## 7           4.6         4.4           2.4           0.3 setosa
## 8           5           4.4           2.5           0.2 setosa
## 9           4.4         3.9           2.4           0.2 setosa
## 10          4.9         4.1           2.5           0.1 setosa
## # ℹ 140 more rows
```

如果我们需要为所有数值变量加 1，则需要结合 where 函数和 is.numeric 函数进行操作：

```
ir %>%
  mutate(across(where(is.numeric),function(x) x + 1))
## # A tibble: 150 × 5
##    Sepal.Length Sepal.Width Petal.Length Petal.Width Species
##           <dbl>       <dbl>        <dbl>       <dbl> <fct>
## 1           6.1         4.5          2.4         1.2 setosa
## 2           5.9         4            2.4         1.2 setosa
## 3           5.7         4.2          2.3         1.2 setosa
## 4           5.6         4.1          2.5         1.2 setosa
## 5           6           4.6          2.4         1.2 setosa
## 6           6.4         4.9          2.7         1.4 setosa
## 7           5.6         4.4          2.4         1.3 setosa
## 8           6           4.4          2.5         1.2 setosa
## 9           5.4         3.9          2.4         1.2 setosa
## 10          5.9         4.1          2.5         1.1 setosa
## # ℹ 140 more rows
```

对 across 函数的介绍就到这里，实际上它还能够结合 summarise 函数来做指定列的汇总。它的功能非常强大，感兴趣的读者可以参考 tidyverse 的官方文档来了解。对于 tidyr 包，最重要的函数是 pivot_longer 和 pivot_wider，它们能够对数据进行长宽转换。其中，pivot_longer 函数能够把宽表转为长表，演示代码如下：

```
library(tidyverse)
# 原始表格
table4a
## # A tibble: 3 × 3
##   country     `1999` `2000`
##   <chr>        <dbl>  <dbl>
## 1 Afghanistan    745   2666
## 2 Brazil       37737  80488
## 3 China       212258 213766
# 转换后表格
```

```
pivot_longer(table4a,
             cols = 2:3,
             names_to ="year",
             values_to = "cases")
## # A tibble: 6 × 3
##   country     year   cases
##   <chr>       <chr>  <dbl>
## 1 Afghanistan 1999     745
## 2 Afghanistan 2000    2666
## 3 Brazil      1999   37737
## 4 Brazil      2000   80488
## 5 China       1999  212258
## 6 China       2000  213766
```

在上面的函数中，我们使用 cols 参数指定要把第 2～3 列进行转换，并用 names_to 声明转换后的列名称放入名为 year 的列中，而用 values_to 参数声明将值放入名为 cases 的列中。pivot_wider 是 pivot_longer 的逆运算，使用方法非常简便，演示代码如下：

```
# 原始表格
table2
## # A tibble: 12 × 4
##    country      year type            count
##    <chr>       <dbl> <chr>           <dbl>
##  1 Afghanistan  1999 cases             745
##  2 Afghanistan  1999 population   19987071
##  3 Afghanistan  2000 cases            2666
##  4 Afghanistan  2000 population   20595360
##  5 Brazil       1999 cases           37737
##  6 Brazil       1999 population  172006362
##  7 Brazil       2000 cases           80488
##  8 Brazil       2000 population  174504898
##  9 China        1999 cases          212258
## 10 China        1999 population 1272915272
## 11 China        2000 cases          213766
## 12 China        2000 population 1280428583
# 转换后表格
pivot_wider(table2,
            names_from = type,
            values_from = count)
## # A tibble: 6 × 4
##   country      year  cases population
##   <chr>       <dbl>  <dbl>      <dbl>
```

```
## 1 Afghanistan  1999    745   19987071
## 2 Afghanistan  2000   2666   20595360
## 3 Brazil       1999  37737  172006362
## 4 Brazil       2000  80488  174504898
## 5 China        1999 212258 1272915272
## 6 China        2000 213766 1280428583
```

在这个操作中，我们声明列名称来自于 type 列，值来自于 count 列，从而完成长宽转换。此外，tidyr 还包含很多数据变形的函数，包括 unite、separate、expand、complete 等，在此不一一赘述。感兴趣的读者可以在 tidyverse 官方文档中进行学习。总之，tidyverse 生态的数据框清洗功能非常强大。本节没有穷举里面所有的函数，仅对其中比较常用且重要的功能进行了介绍。在实践中，用户需要根据自身的需求进行查阅，然后灵活地把这些工具组合起来，从而完成复杂的数据操作任务。

4.3 数据可视化（ggplot2）

在 tidyverse 中，ggplot2 包能够完成数据可视化的任务。它由 Hadley Wickham 开发，提供了一套基于图层的绘图系统，用于创建高度定制化的统计图形。ggplot2 的设计思想是将数据可视化视为图形的组合，通过将数据映射到图形属性（如位置、颜色、形状）来呈现数据的结构和关系。ggplot2 包提供了一套灵活的函数和操作符，用于创建各种类型的统计图表，如散点图、线图、柱状图、箱线图等。它支持多层图层的叠加，可以方便地添加标题、轴标签、图例等注释元素。同时，ggplot2 还提供了丰富的主题和调色板选项，使用户可以轻松调整图形的外观和样式。本节将会简单介绍 ggplot2 的用法。对于一份规范的数据集（整洁数据），ggplot2 出图仅需要寥寥数行代码，所需要的最简单的信息包括：①数据集是什么；②要展示什么变量；③要用什么图形展示。我们用简单的代码来进行演示：

```
library(tidyverse)

my_plot = ggplot(data = iris,  # 使用什么数据集：iris
       aes(x = Sepal.Length,
           y = Sepal.Width)) +  # 展示哪些变量：Sepal.Length 和 Sepal.Width
  geom_point() # 使用什么可视化方法：散点图

my_plot
```

运行结果如图 4-1 所示。

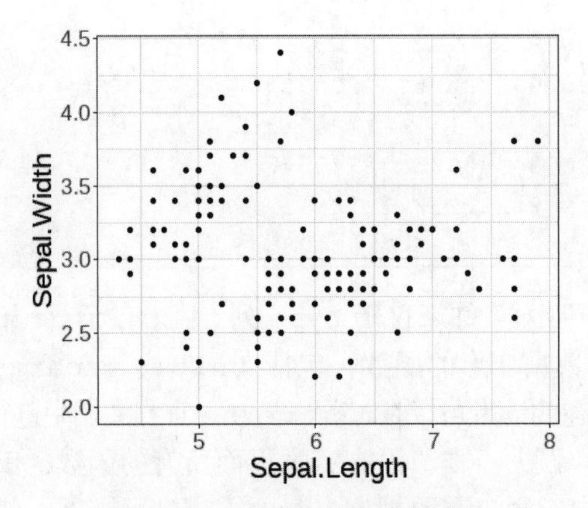

图 4-1　ggplot2 简单可视化展示

这样，我们就完成了一个基本可视化操作。ggplot2 允许我们对更多的细节进行设置，例如，图的背景我们可以设置为白底黑框，只需要在后续图层进行设置（补充设置 theme_bw）即可：

```
my_plot + theme_bw()
```

运行结果如图 4-2 所示，读者可参考配套彩图文件查看图片细节。

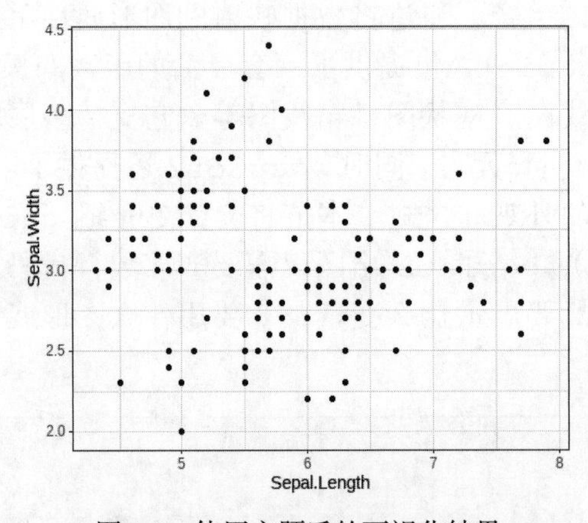

图 4-2　使用主题后的可视化结果

在 ggplot2 中，如果要进行新的设置，可以使用加号进行补充。需要注意的是，图层是一层一层叠加的，因此如果操作之间有矛盾，那么后续的图层会覆盖前面的图层。例如，对背景主题进行两层设置，那么会以最后的设置为准：

```
my_plot + theme_bw() + theme_classic()
```

运行结果如图 4-3 所示，读者可参考配套彩图文件查看图片细节。

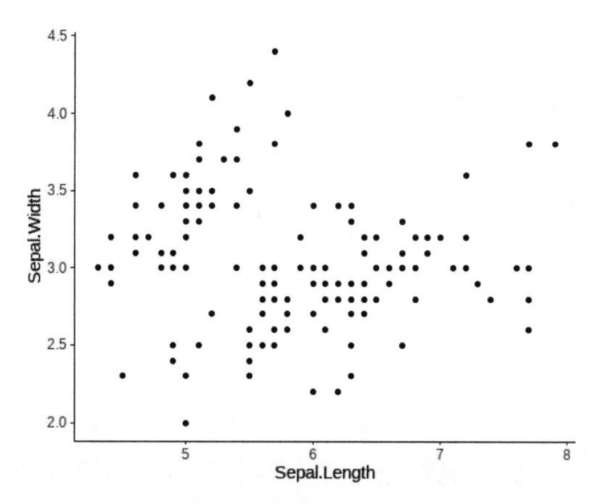

图 4-3 被新主题覆盖后的可视化结果

theme_classic 的设置会让图变成没有背景网格线的另一种可视化模式。关于 ggplot2 我们就简单介绍到这里，对于希望详细了解可视化分析的读者，建议阅读 Winston Chang 所著的《R 数据可视化手册》，这本书对于如何使用 ggplot2 开展数据可视化进行了非常系统而完备的介绍。

第 5 章　探索性数据分析

在进行机器学习之前，我们必须了解背景知识，并熟悉手头的数据。探索性数据分析（Exploratory Data Analysis，EDA）能够协助用户掌握数据的体量和种类，并了解数据的分布特点，从而让我们在实践中选择合适的方法来对数据进行预处理和分析。本章将会针对这个主题对 EDA 的基本概念进行讲解，并对相关的 R 语言工具进行介绍。

5.1　基本概念介绍

探索性分析经常会展示描述性统计指标。这些指标包括平均值、标准差、极值、频数等，可以反映分类变量和数值变量的分布状况。本节将对这些基本概念进行介绍，同时给出在 R 语言中的实现方法。

5.1.1　平均值

平均值一般指的是算数平均值（arithmetic mean），即对数值型向量取平均，例如数值序列（1,3,5,7）的平均值就是(1+3+5+7)/4 = 4。在 R 语言中，求平均值可以使用 `mean` 函数进行实现。以上面提及的例子做演示，实现代码如下：

```
mean(c(1,3,5,7))
## [1] 4
```

但是如果数据中存在缺失值，那么结果就会返回缺失值：

```
mean(c(1,3,5,7,NA))
## [1] NA
```

要避免这种情况的发生，需要将 `mean` 函数中的 `na.rm` 参数设置为 TRUE：

```
mean(c(1,3,5,7,NA),na.rm = TRUE)
## [1] 4
```

5.1.2 标准差

标准差（standard deviation）是离均差平方的算术平均数的算术平方根，其平方值被称为方差（variance），它能够表征一个数据的离散程度。在R语言中，可以使用sd函数求一个数值序列的标准差：

```
sd(c(1,3,5,7))
## [1] 2.581989
```

与求均值类似，该函数也可以利用na.rm参数来忽略缺失值：

```
sd(c(1,3,5,7,NA),na.rm = TRUE)
## [1] 2.581989
```

如果想直接求方差，则可以使用var函数：

```
var(c(1,3,5,7))
## [1] 6.666667
var(c(1,3,5,7),na.rm = TRUE)
## [1] 6.666667
```

标准差就是标准化的方差，能够保持量纲与原始数据一致，因此一般使用标准差来表征数据的离散程度。标准差越大，说明数据的离散程度越高。

5.1.3 极值

极值分为极大值和极小值，是一个数据序列中的最大值和最小值。通过求极值，我们可以确定数据的取值范围。在R语言中，函数min和max可以求得数值序列的极小值和极大值。示例代码如下：

```
min(c(1,3,5,7))
## [1] 1
max(c(1,3,5,7))
## [1] 7
```

与之前的函数类似，如果数据序列中混入了缺失值，那么结果就会返回缺失值。如果需要忽略缺失值，则需要把na.rm参数设置为TRUE：

```
min(c(1,3,5,7,NA))
## [1] NA
max(c(1,3,5,7,NA))
## [1] NA
min(c(1,3,5,7,NA),na.rm = TRUE)
```

```
## [1] 1
max(c(1,3,5,7,NA),na.rm = TRUE)
## [1] 7
```

5.1.4　中位数

中位数（median）又称为中值，是将数据序列排序后，位置处于最中间的数字。如果观察值有偶数个，通常取最中间的两个数值的平均数作为中位数。以之前的数据序列（1,3,5,7）为例，其中位数是中间两个数值 3 和 5 的平均值，即 4。在 R 语言中可以使用 median 函数进行计算：

```
median(c(1,3,5,7))
## [1] 4
```

如果包含缺失值，则可以对 na.rm 参数进行设置：

```
median(c(1,3,5,7,NA),na.rm = TRUE)
## [1] 4
```

实际上，我们可以使用 quantile 函数求得任意位置的分位数。下面我们构造一个更长的序列（从 0 到 100），然后求其四分位数及极大值和极小值：

```
quantile(0:100)
##   0%  25%  50%  75% 100%
##    0   25   50   75  100
```

如果我们需要获得处于 60%位置的数值，则可以对 probs 参数进行设置：

```
quantile(0:100,probs = .6)
## 60%
##  60
```

从上面的结果可以看出，处于数据序列 60%位置的数值为 60。

5.1.5　相关系数

相关系数是研究变量之间线性相关程度的数值，我们经常讲随着 A 的增大而 B 减小，如随着降水量的增加，气温会下降。相关系数有多种定义，但较为常用的是皮尔逊相关系数。如果要对两组数据序列做相关性分析，则可以使用 cor.test 函数进行实现。代码示例如下：

```
x <- c(44.4, 45.9, 41.9, 53.3, 44.7, 44.1, 50.7, 45.2, 60.1)
y <- c( 2.6,  3.1,  2.5,  5.0,  3.6,  4.0,  5.2,  2.8,  3.8)
cor.test(x,y)
##
##  Pearson's product-moment correlation
```

```
##
## data:  x and y
## t = 1.8411, df = 7, p-value = 0.1082
## alternative hypothesis: true correlation is not equal to 0
## 95 percent confidence interval:
##  -0.1497426  0.8955795
## sample estimates:
##       cor
## 0.5711816
```

得到的结果中有很多统计值，其中比较重要的是最下面一行给出的 cor，它告诉用户计算的相关系数为 0.5711816。此外，结果中还给出了 p 值，为 0.1082，说明相关关系没有达到统计学上的显著水平（当 p 值小于 0.05 时可以被认为显著相关）。相关系数取值在-1 到 1 之间，-1 代表完全负相关，1 代表完全正相关，0 则代表完全不相关。而 p 值则可以辅助判断，当其小于 0.05 可以被认为显著相关，否则在统计学上被认为不显著。有时，我们需要对数据框中的所有变量两两之间进行相关分析，从而获知其是否存在共线性（即较强的线性相关性）。这时候可以使用 cor 函数进行实现。例如我们可以对 iris 数据集的所有数值列进行两两的相关系数计算，方法如下：

```
cor(iris[,-5])
##              Sepal.Length Sepal.Width Petal.Length Petal.Width
## Sepal.Length    1.0000000  -0.1175698    0.8717538   0.8179411
## Sepal.Width    -0.1175698   1.0000000   -0.4284401  -0.3661259
## Petal.Length    0.8717538  -0.4284401    1.0000000   0.9628654
## Petal.Width     0.8179411  -0.3661259    0.9628654   1.0000000
```

在上面的代码中，我们删除了 iris 的第 5 列因子列，然后使用 cor 函数来求变量两两之间的相关系数。我们可以发现变量与自身的相关系数为 1，而且相关系数矩阵存在镜像对称的情况。如果需要快速获得变量之间的相关系数、p 值等各种统计量，可以尝试使用 correlation 包的 correlation 函数，使用方法如下：

```
pacman::p_load(correlation)
results <- correlation(iris)
results
## # Correlation Matrix (pearson-method)
##
## Parameter1   |   Parameter2 |     r |         95% CI | t(148) |         p
## --------------------------------------------------------------------------
## Sepal.Length |  Sepal.Width | -0.12 | [-0.27,  0.04] |  -1.44 | 0.152
## Sepal.Length | Petal.Length |  0.87 | [ 0.83,  0.91] |  21.65 | < .001***
## Sepal.Length |  Petal.Width |  0.82 | [ 0.76,  0.86] |  17.30 | < .001***
## Sepal.Width  | Petal.Length | -0.43 | [-0.55, -0.29] |  -5.77 | < .001***
## Sepal.Width  |  Petal.Width | -0.37 | [-0.50, -0.22] |  -4.79 | < .001***
```

```
## Petal.Length |  Petal.Width |  0.96 | [ 0.95,  0.97] |  43.39 | < .001***
##
## p-value adjustment method: Holm (1979)
## Observations: 150
```

在以上表格中，`Parameter1` 和 `Parameter2` 是变量名称，其他则为各种统计量，如相关系数（`r`）和 *p* 值（`p`）等，还包括使用的方法（method）。关于该函数更多的使用方法，可以参照相关资料。

5.2 探索工具实践

在 R 语言的开源社区中，有很多程序设计者开发了探索性数据分析的包以供用户使用。它们既有功能重叠的地方，又有各自的特色，本书选取了三个维护时间较长、功能较为稳定的工具进行介绍，让初学者能够快速地对自己的数据进行了解，以便进行后续分析。

5.2.1 vtree

`vtree` 包是一个能够自动计算和绘制变量树的工具，可以交互式地探索数据集的结构，并生成高质量的定制图，以用在报告或发表物中。它的特点是快速且便捷，在数据探索中非常适用。在实际应用中，`vtree` 包往往针对的是包含一个或多个离散型随机变量（以下简称为分类变量）的数据框，然后自动化统计这些分类变量组合的频数和频率。例如数据框 `df` 有 `v1` 和 `v2` 两个分类变量，那么就可以使用以下代码进行可视化：

```
vtree(df,"v1 v2")
```

可以看到，两个变量之间由一个空格进行分隔。如果不注明变量名称，那么就会得到一个根节点，显示总共有多少个样本。下面我们以 `vtree` 包提供的 `FakeData` 数据框为例进行深入探索：

```
# 加载环境
library(pacman)
p_load(tidyfst,vtree)

# 查看数据维度
dim(FakeData)
## [1] 46 18
```

我们知道，`FakeData` 是一个包含 46 行、18 列的数据框。例如我们想看 `Severity` 中数据的分布比例，可以使用以下代码：

```
vtree(FakeData,"Severity")
```

如图 5-1 所示，可以看到左边的代表根节点，显示共有 46 个样本，而 46 个样本在 Severity 列中一共有 4 种数据类型，分别为 Mild、Moderate、Severe 和 NA。其中，NA 指的是缺失值。vtree 函数可以对绘图进行一些修改，例如将参数 showvarnames 设置为 FALSE 来隐藏变量名称，把 sameline 设置为 TRUE 让内容显示在一行中。例如：

```
vtree(FakeData,"Severity",showvarnames = FALSE,sameline = TRUE)
```

结果如图 5-2 所示。

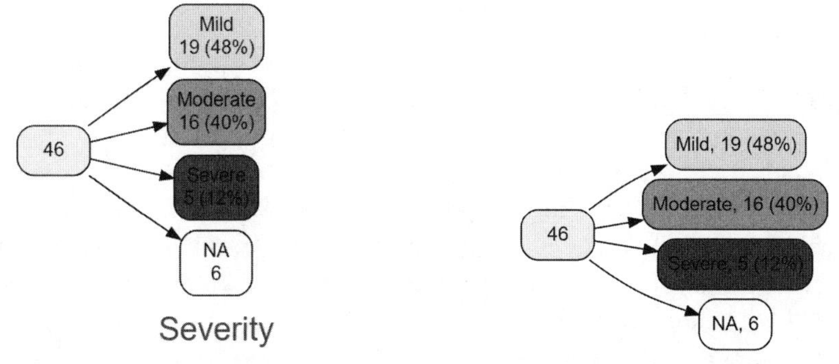

图 5-1 vtree 可视化展示

图 5-2 vtree 可视化展示（隐藏变量名称，单行显示）

一般来说，我们会用它做两个或更多变量的组合分析。例如对 Severity 列和 Sex 列同时做可视化：

```
vtree(FakeData,"Severity Sex")
```

结果如图 5-3 所示。

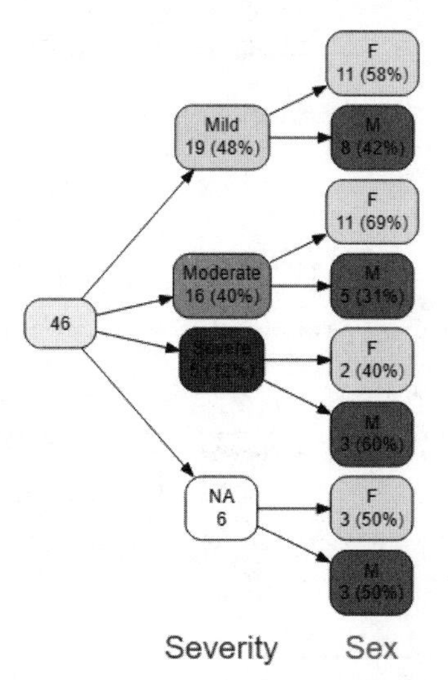

图 5-3 vtree 可视化展示（双变量组合可视化）

这样，我们就可以对首次分组的信息进行进一步细化的了解。关于更细致的可视化设置，可以参考 vtree 网站。

5.2.2 skimr

skimr 包提供了简单易用的汇总功能，结合管道函数，用户可以获取关于数据框的各种汇总信息，包括变量的均值、中位数、分布、频数等。与此同时，用户还可以根据自身需要进行参数设置，从而对获得的信息进行修饰，例如分组计算、筛选等。例如，用户可以对 R 语言自带的 iris 数据集进行观察，这需要用到 skimr 包中的 skim 函数：

```
# 清除之前加载的环境
pacman::p_unload("all")
## The following packages have been unloaded:
## vtree, correlation, lubridate, forcats, stringr, readr, tidyverse, yardstick, workflowsets, workflows, tune, tidyr, tibble, rsample, recipes, purrr, parsnip, modeldata, infer, dials, broom, tidymodels, mlr3fselect, randomForestExplainer, corx, xgboost, kknn, psych, mlr, ParamHelpers, skimr, mlbench, caretEnsemble, caret, lattice, ceterisParibus, gower, ggplot2, randomForest, ranger, DALEX, mlr3verse, mlr3, olsrr, car, carData, fastDummies, tidyfst, dplyr, magrittr, simputation, visdat, VIM, colorspace, scorecard, dlookr, ISLR, scales, pacman, naniar
# 加载新环境
pacman::p_load(skimr)

skim(iris)
```

所得结果如图 5-4 所示。

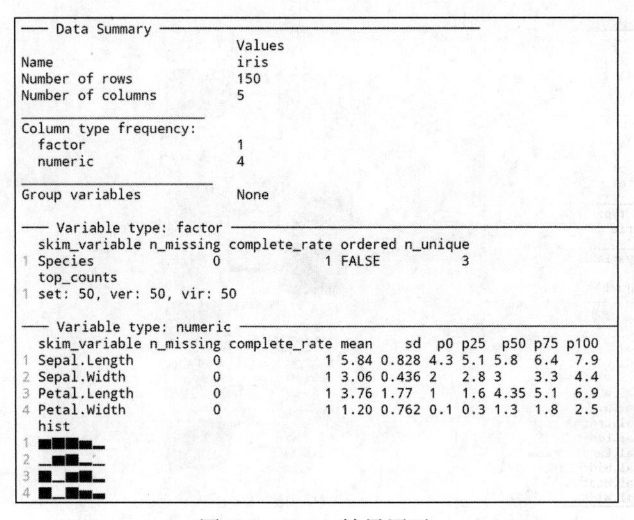

```
── Data Summary ────────────────────────
                           Values
Name                       iris
Number of rows             150
Number of columns          5
_______________________
Column type frequency:
  factor                   1
  numeric                  4
________________________
Group variables            None

── Variable type: factor ──────────────────
  skim_variable n_missing complete_rate ordered n_unique
1 Species               0             1 FALSE          3
  top_counts
1 set: 50, ver: 50, vir: 50

── Variable type: numeric ─────────────────
  skim_variable n_missing complete_rate mean    sd  p0 p25  p50 p75 p100
1 Sepal.Length          0             1 5.84 0.828 4.3 5.1 5.8  6.4  7.9
2 Sepal.Width           0             1 3.06 0.436 2   2.8 3    3.3  4.4
3 Petal.Length          0             1 3.76 1.77  1   1.6 4.35 5.1  6.9
4 Petal.Width           0             1 1.20 0.762 0.1 0.3 1.3  1.8  2.5
  hist
1
2
3
4
```

图 5-4　skimr 结果展示

根据图 5-4 所示的结果，我们可以看到，名为 `iris` 的数据框共有 150 行、5 列，其中包含 1 个因子变量、4 个数值变量。对于每个变量的分析，如果变量为因子变量，我们会观察其缺失值状况、独特值个数和多数类；而对于数值型变量，则会分析缺失值信息、均值、标准差、极值、四分位数和基本分布可视化（以柱状图形式显示）。如果我们只想观察其中一个变量的情况，则可以对 `skim_variable` 参数进行设置。例如我们想观察 iris 数据框中的 `Sepal.Length` 列的情况，那么可以这样操作：

```
skim(iris) %>%
  dplyr::filter(skim_variable == "Sepal.Length")
```

运行结果如图 5-5 所示。

```
── Data Summary ────────────────────────
                           Values
Name                       iris
Number of rows             150
Number of columns          5
_______________________
Column type frequency:
  numeric                  1
________________________
Group variables            None

── Variable type: numeric ──────────────────────────────────────
  skim_variable n_missing complete_rate mean    sd  p0 p25 p50 p75 p100 hist
1 Sepal.Length          0             1 5.84 0.828 4.3 5.1 5.8 6.4  7.9 ▆▇▇▅▂
```

图 5-5 skimr 结果展示（只观察 Sepal.Length 变量）

这里使用 dplyr 包的 `filter` 函数进行了筛选。如果需要分组进行审视，可以配合 `dplyr` 包的 `group_by` 函数进行实现。例如我们根据物种 `Species` 进行分组概括：

```
iris %>%
  dplyr::group_by(Species) %>%
  skim()
```

运行结果如图 5-6 所示。

```
── Data Summary ────────────────────────
                           Values
Name                       Piped data
Number of rows             150
Number of columns          5
_______________________
Column type frequency:
  numeric                  4
________________________
Group variables            Species

── Variable type: numeric ──────────────────────────────────────
   skim_variable Species    n_missing complete_rate  mean    sd  p0  p25  p50  p75 p100 hist
 1 Sepal.Length  setosa             0             1 5.01  0.352 4.3 4.8  5    5.2  5.8  ▃▃▇▅▁
 2 Sepal.Length  versicolor         0             1 5.94  0.516 4.9 5.6  5.9  6.3  7    ▂▇▆▃▃
 3 Sepal.Length  virginica          0             1 6.59  0.636 4.9 6.22 6.5  6.9  7.9  ▁▃▇▃▁
 4 Sepal.Width   setosa             0             1 3.43  0.379 2.3 3.2  3.4  3.68 4.4  ▁▃▇▅▁
 5 Sepal.Width   versicolor         0             1 2.77  0.314 2   2.52 2.8  3    3.4  ▁▅▆▇▂
 6 Sepal.Width   virginica          0             1 2.97  0.322 2.2 2.8  3    3.18 3.8  ▂▆▇▅▁
 7 Petal.Length  setosa             0             1 1.46  0.174 1   1.4  1.5  1.58 1.9  ▁▃▇▁▁
 8 Petal.Length  versicolor         0             1 4.26  0.470 3   4    4.35 4.6  5.1  ▁▁▇▇▇
 9 Petal.Length  virginica          0             1 5.55  0.552 4.5 5.1  5.55 5.88 6.9  ▃▇▇▃▁
10 Petal.Width   setosa             0             1 0.246 0.105 0.1 0.2  0.2  0.3  0.6  ▇▁▁▁▁
11 Petal.Width   versicolor         0             1 1.33  0.198 1   1.2  1.3  1.5  1.8  ▅▇▃▆▁
12 Petal.Width   virginica          0             1 2.03  0.275 1.4 1.8  2    2.3  2.5  ▂▇▆▅▇
```

图 5-6 skimr 结果展示（分组观察）

如图5-6所示，得到的结果已经进行了分组显示。关于更多 skimr 包的使用方法，可以参考其官网文档。

5.2.3 naniar

naniar 包是面向缺失值分析的探索性工具，可以对缺失值进行可视化和插补。本节重点聚焦在缺失值的可视化上。我们会采用 airquality 数据集进行演示，首先利用 head、summary 和 str 函数对其进行基本的了解：

```
head(airquality)
##   Ozone Solar.R Wind Temp Month Day
## 1    41     190  7.4   67     5   1
## 2    36     118  8.0   72     5   2
## 3    12     149 12.6   74     5   3
## 4    18     313 11.5   62     5   4
## 5    NA      NA 14.3   56     5   5
## 6    28      NA 14.9   66     5   6
summary(airquality)
##      Ozone           Solar.R           Wind             Temp           Month
##  Min.   :  1.00  Min.   :  7.0  Min.   : 1.700  Min.   :56.00  Min.   :5.000
##  1st Qu.: 18.00  1st Qu.:115.8  1st Qu.: 7.400  1st Qu.:72.00  1st Qu.:6.000
##  Median : 31.50  Median :205.0  Median : 9.700  Median :79.00  Median :7.000
##  Mean   : 42.13  Mean   :185.9  Mean   : 9.958  Mean   :77.88  Mean   :6.993
##  3rd Qu.: 63.25  3rd Qu.:258.8  3rd Qu.:11.500  3rd Qu.:85.00  3rd Qu.:8.000
##  Max.   :168.00  Max.   :334.0  Max.   :20.700  Max.   :97.00  Max.   :9.000
##  NA's   :37      NA's   :7
##       Day
##  Min.   : 1.0
##  1st Qu.: 8.0
##  Median :16.0
##  Mean   :15.8
##  3rd Qu.:23.0
##  Max.   :31.0
##
str(airquality)
## 'data.frame':    153 obs. of  6 variables:
##  $ Ozone  : int  41 36 12 18 NA 28 23 19 8 NA ...
##  $ Solar.R: int  190 118 149 313 NA NA 299 99 19 194 ...
##  $ Wind   : num  7.4 8 12.6 11.5 14.3 14.9 8.6 13.8 20.1 8.6 ...
##  $ Temp   : int  67 72 74 62 56 66 65 59 61 69 ...
```

```
## $ Month : int 5 5 5 5 5 5 5 5 5 5 ...
## $ Day   : int 1 2 3 4 5 6 7 8 9 10 ...
```

在结果中，可以看到 Ozone 和 Solar.R 两个变量都存在缺失值。下面让我们对这个数据集的缺失分布进行可视化。首先，可以利用 naniar 包中的 viss_miss 函数来对缺失值的位置进行可视化：

```
pacman::p_unload("all")
## The following packages have been unloaded:
## skimr
pacman::p_load(naniar)
vis_miss(airquality)
```

可视化结果如图 5-7 所示。

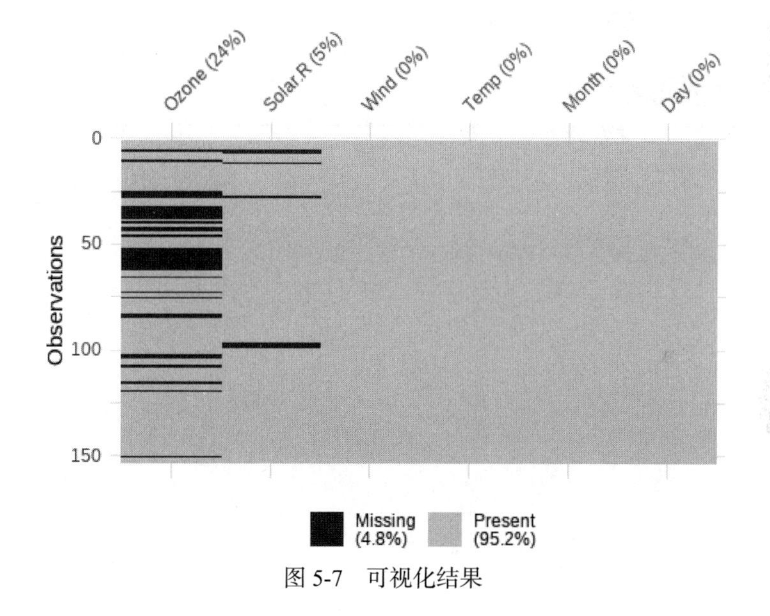

图 5-7 可视化结果

在图 5-7 中，我们可以看到缺失值的百分比，还可以看到缺失值在数据框中的分布位置。有时，我们还想知道数据的缺失模式，这可以使用 gg_miss_upset 函数实现：

```
gg_miss_upset(airquality)
```

运行结果如图 5-8 所示。

在图 5-8 中，我们可以看到只有 Ozone 变量缺失的样本是最多的，共 35 个；Solar.R 变量缺失的样本有 5 个，两个变量都缺失的样本则有 2 个。关于 naniar 包更多的特性，可以参照其官方文档的介绍。

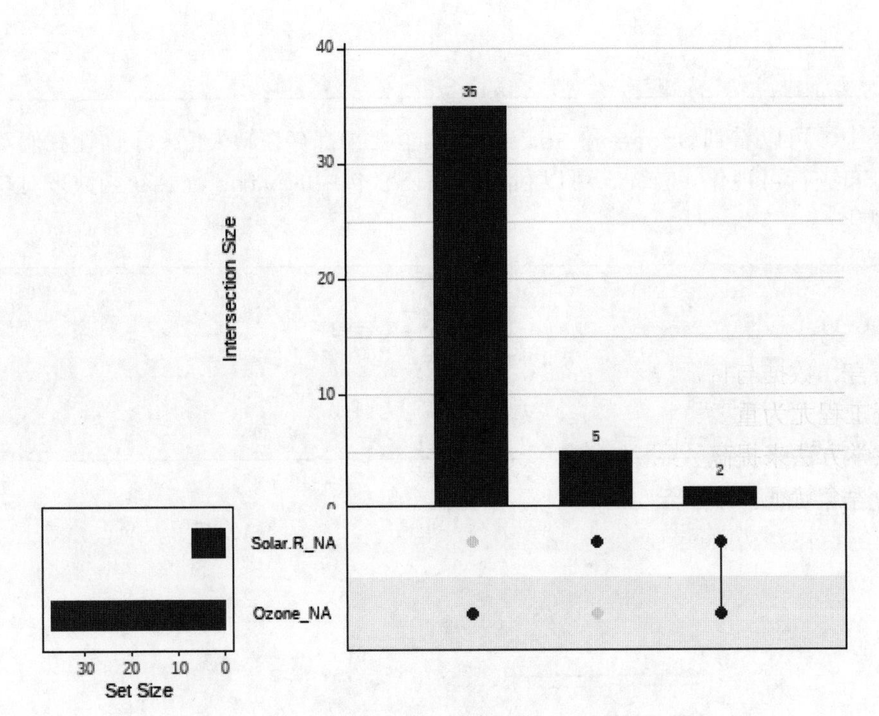

Intersection Size
40
30
20
10
0
35
5
2
Solar.R_NA
Ozone_NA
30
20
10
0
Set Size

图 5-8　运行结果

第 6 章 特征工程

一般而言，数据与特征决定了机器学习的上限，而算法与模型只是尝试去逼近这个上限。因此，特征工程尤为重要，这个过程需要对原始数据进行观察和提炼，从而循序渐进地利用背景知识和数学方法来提高数据对响应变量的表示，从而提高模型的表现。在数据框中，每一列都可以视为一个特征。本章分为特征修饰、特征构造和特征筛选三个部分，介绍如何对原始数据进行合理的转化，从而得到更好的机器学习效果。

6.1 特征修饰

特征修饰是指在不增加更多特征的情况下，对原始的特征进行转换处理，从而使其更好地对模型进行拟合。常见的特征修饰方法包括数据归一化、数据分箱、缺失值填补等，对于不同的机器学习模型可能会使用不同的方法，接下来对这些常用的方法进行介绍和实践演示。

6.1.1 归一化

归一化（normalization）是简化计算的一种方式，能够把有量纲的数据转化为无量纲的标量。中心化与标准化是较为常见的归一化方法，中心化指的是特征中的所有数据都减去其均值，而标准化指的是所有数据都除以总体标准差。在 R 语言中，我们可以使用 `scale` 函数来对数据进行中心化和标准化。默认参数 `center` 和 `scale` 均为 `TRUE` 时，表示既会进行标准化，又会进行中心化。例如我们对从 1 到 10 的正整数进行中心化与标准化：

```
scale(1:10)
##             [,1]
##  [1,] -1.4863011
##  [2,] -1.1560120
##  [3,] -0.8257228
##  [4,] -0.4954337
##  [5,] -0.1651446
##  [6,]  0.1651446
##  [7,]  0.4954337
##  [8,]  0.8257228
```

```
## [9,] 1.1560120
## [10,] 1.4863011
## attr(,"scaled:center")
## [1] 5.5
## attr(,"scaled:scale")
## [1] 3.02765
```

结果显示了数据序列的中心化和标准化分别为5.5（平均值）和3.02765（标准差）。如果只需要进行中心化，那么可以把标准化参数 `scale` 设置为 `FALSE`：

```
scale(1:10,scale = FALSE)
##       [,1]
## [1,] -4.5
## [2,] -3.5
## [3,] -2.5
## [4,] -1.5
## [5,] -0.5
## [6,]  0.5
## [7,]  1.5
## [8,]  2.5
## [9,]  3.5
## [10,]  4.5
## attr(,"scaled:center")
## [1] 5.5
```

经过中心化与标准化处理后，我们会得到一个均值为0、标准差为1的服从标准正态分布的数据，这对于很多参数方法是一个必备的条件。把数据正态化的方法还包括Box-Cox转化和对数化，可以分别使用 `scales::boxcoxtrans` 和 `log` 函数实现。有时，我们希望数据能够被限制在一个范围内，例如把所有数据限制在0到1之间，那么就需要让所有数据减去其最小值，然后除以极差（最大值与最小值之差）。在R语言中可以使用 `scale` 包中的 `rescale` 函数实现，例如我们要把1到10的正整数进行转化，那么可以这样编码：

```
library(pacman)
p_load(scales)
rescale(1:10,to = 0:1)
## [1] 0.0000000 0.1111111 0.2222222 0.3333333 0.4444444 0.5555556 0.6666667
0.7777778 0.8888889
## [10] 1.0000000
```

6.1.2　数据分箱

数据分箱（binning）是指把连续变量离散化，虽然在一定程度上会造成信息丢失，但是在很多分析中这样处理更为合理。例如，在满分为100分的考试中，分数越高说明学生的学习能力越强，往往我们会根据分数的区段将学生划分为优秀（90 分以上）、良好（80～89 分）、中等（70～79 分）、差等（60～69 分）和不及格（低于 60 分）。在这种情况下，我们会发现获得 95 分和 92 分的学生被划为同一类，而低于 60 分的学生之间的分数比较没有太大意义。因为在很多问题上，变量之间的关系并不是绝对的线性关系，因此用这种分箱方法能够获得更加稳健的结果。例如在信用评级场景中可能会发现随着用户年龄的增长，违约的概率会呈现先降低后上升的情况，但是当用户的年龄达到一定水平之后（例如大于 60 岁之后），违约概率可能就一直维持在某一水平而不再变化。在这种场景下，应该把用户按照年龄进行分段，然后再来建模，这样更为合适。数据分箱的方法有很多，从大类上来划分可以分为有监督分箱和无监督分箱。有监督分箱需要考虑响应变量，它是一种将连续性数据分成离散的箱子或区间的过程，而且这个过程是在有监督学习的框架下进行的。在无监督分箱中，较为常见的是等长分箱和等频分箱。等长分箱根据数值范围进行划分，也就是说每一个箱的极差（最大值减最小值）是一致的。

下面我们使用 dlookr 包的 `binning` 函数来对其进行实现。首先，我们会构造一个名为 `raw_data` 的数据序列，它是一个包含缺失值的数值向量：

```
library(pacman)
p_load(ISLR,dlookr)

# 构造数据
carseats <- ISLR::Carseats
carseats[sample(seq(NROW(carseats)), 20), "Income"] <- NA
carseats[sample(seq(NROW(carseats)), 5), "Urban"] <- NA
raw_data = carseats$Income
```

`binning` 函数需要把参数 `type` 设定为 `equal`，这样才能实现等长分箱方法，具体操作如下：

```
bin = binning(raw_data,type = "equal")
bin
## binned type: equal
## number of bins: 10
## x
##     [21,30.9]   (30.9,40.8]   (40.8,50.7]   (50.7,60.6]   (60.6,70.5]
(70.5,80.4]
##            39            44            36            32            52
     43
##   (80.4,90.3]  (90.3,100.2] (100.2,110.1]   (110.1,120]          <NA>
##            42            34            28            30            20
```

返回的值是一个因子向量，显示的是属于不同区间的数量。可以发现每个分箱的数据的最大值与最小值之差为9.9。如果想获得相对整齐的分箱效果，可以把 type 参数设置为 pretty：

```
bin <- binning(raw_data, type = "pretty")
bin
## binned type: pretty
## number of bins: 10
## x
##    [20,30]   (30,40]    (40,50]    (50,60]    (60,70]    (70,80]    (80,90]
(90,100] (100,110]
##        39        44         36         32         52         43         42
   34        28
## (110,120]      <NA>
##        30        20
```

现在所有的数据共分为10个区间，其间隔均为10，而缺失值会被单列出来作为第11个区间。另一种分箱方法叫作等频分箱法，它会保证所有分箱的样本量相对一致。这可以通过dlookr包的 binning 函数实现，一般而言我们会用 nbins 参数来设定分箱的数量，例如要设置分为5个区间，可以这样操作：

```
bin <- binning(raw_data, nbins = 5, type = "quantile")
bin
## binned type: quantile
## number of bins: 5
## x
##       [21,38.4]       (38.4,61]   (61,76.53333] (76.53333,94.6]
(94.6,120]            <NA>
##              76              79              73              76
     76              20
```

从结果可以看到，每个分箱的数据样本量大致相近，各自囊括76个左右。除了我们介绍的这两种常见方法外，binning 函数还可以实现聚类分箱，具体细节可以键入?dlookr::binning 进行查阅。这些方法均属于无监督方法，最终连续的数值型数据会被转化为离散的因子型数据。如果需要给因子变量确定顺序，那么可以使用 as.numeric 函数将因子型数据转化为数值型，这时候数据会转化为最小值为1、每次递增1的正整数序列，而缺失值的形式不会变。实现方法如下：

```
bin_num = as.numeric(bin)
head(bin_num)
## [1] 3 2 1 5 3 5
```

这里的数字代表实际的区间范围，例如数字3表示(61,76.53333]这个数值区间。与无监督分箱相对应的方法是有监督分箱，这种分箱方法会利用响应变量的信息，从而让分箱结果能够较好地区分响应变量。常见的有监督分箱包括卡方分箱和决策树分箱，前者是把具有最小卡方值的相邻区间合并，直到满足条件为止；后者则是利用决策树算法来获得连续变量的切分点，然后进行分箱。scorecard 包的 woebin 函数能够实现上面提到的方法，下面结合其官方文档对这些方法进行演示。首先，我们需要对数据进行基本的审视：

```
library(pacman)
p_load(scorecard)

data("germancredit")
head(germancredit)
##   status.of.existing.checking.account duration.in.month
## 1                            ... < 0 DM                 6
## 2                      0 <= ... < 200 DM               48
## 3                   no checking account                12
## 4                            ... < 0 DM                42
## 5                            ... < 0 DM                24
## 6                   no checking account                36
##                                                       credit.history
 purpose credit.amount
## 1 critical account/ other credits existing (not at this bank)
radio/television          1169
## 2                 existing credits paid back duly till now
radio/television          5951
## 3 critical account/ other credits existing (not at this bank)
   education          2096
## 4                 existing credits paid back duly till now
furniture/equipment       7882
## 5                             delay in paying off in the past
   car (new)          4870
## 6                 existing credits paid back duly till now
   education          9055
##     savings.account.and.bonds present.employment.since
## 1 unknown/ no savings account              ... >= 7 years
## 2                 ... < 100 DM       1 <= ... < 4 years
## 3                 ... < 100 DM       4 <= ... < 7 years
## 4                 ... < 100 DM       4 <= ... < 7 years
## 5                 ... < 100 DM       1 <= ... < 4 years
## 6 unknown/ no savings account       1 <= ... < 4 years
##   installment.rate.in.percentage.of.disposable.income   personal.status.
and.sex
## 1                                                    4 male : divorced/
separated
```

```
   ## 2                                                  2 male : divorced/
separated
   ## 3                                                  2 male : divorced/
separated
   ## 4                                                  2 male : divorced/
separated
   ## 5                                                  3 male : divorced/
separated
   ## 6                                                  2 male : divorced/
separated
   ##   other.debtors.or.guarantors present.residence.since
   ## 1                        none                       4
   ## 2                        none                       2
   ## 3                        none                       3
   ## 4                   guarantor                       4
   ## 5                        none                       4
   ## 6                        none                       4
   ##                                     property age.in.years other.
installment.plans
   ## 1                                  real estate           67
        none
   ## 2                                  real estate           22
        none
   ## 3                                  real estate           49
        none
   ## 4 building society savings agreement/ life insurance           45
        none
   ## 5                          unknown / no property           53
        none
   ## 6                          unknown / no property           35
        none
   ##    housing number.of.existing.credits.at.this.bank
  job
   ## 1      own                                     2 skilled employee /
official
   ## 2      own                                     1 skilled employee /
official
   ## 3      own                                     1        unskilled -
resident
   ## 4 for free                                     1 skilled employee /
official
   ## 5 for free                                     2 skilled employee /
official
```

```
## 6 for free                                          1       unskilled -
resident
##   number.of.people.being.liable.to.provide.maintenance.for
## 1                                                       1
## 2                                                       1
## 3                                                       2
## 4                                                       2
## 5                                                       2
## 6                                                       2
##                                   telephone foreign.worker creditability
## 1 yes, registered under the customers name            yes          good
## 2                                      none            yes           bad
## 3                                      none            yes          good
## 4                                      none            yes          good
## 5                                      none            yes           bad
## 6 yes, registered under the customers name            yes          good
dim(germancredit)
## [1] 1000   21
```

可以发现，germancredit 变量是一个 1000 行、21 列的数据框。表示用户信用状况的变量为 creditability，它由 good 和 bad 两种状况构成。如果我们要用决策树分箱对 credit.amount 和 housing 进行分箱，那么可以这样操作：

```
bins2_tree = woebin(germancredit, y="creditability",
   x=c("credit.amount","housing"), method="tree")
## ℹ Creating woe binning ...
## ✔ Binning on 1000 rows and 3 columns in 00:00:01
bins2_tree
## $credit.amount
##          variable          bin count count_distr   neg   pos   posprob
woe
##            <char>       <char> <int>       <num> <int> <int>     <num>
 <num>
## 1: credit.amount [-Inf,1400)   267       0.267   185    82 0.3071161
 0.03366128
## 2: credit.amount [1400,1800)   105       0.105    87    18 0.1714286
-0.72823850
## 3: credit.amount [1800,4000)   382       0.382   287    95 0.2486911
-0.25830746
## 4: credit.amount [4000,9200)   196       0.196   120    76 0.3877551
 0.39053946
## 5: credit.amount [9200, Inf)    50       0.050    21    29 0.5800000
 1.17007125
```

```
## 4 变量没显示: [bin_iv <num>, total_iv <num>, breaks <char>, is_special_
values <lgcl>]
##
## $housing
##    variable       bin count count_distr   neg   pos   posprob         woe
   bin_iv
##      <char>    <char> <int>       <num> <int> <int>     <num>       <num>
   <num>
## 1:  housing      rent   179       0.179   109    70 0.3910615  0.4044452
0.03139265
## 2:  housing       own   713       0.713   527   186 0.2608696 -0.1941560
0.02579501
## 3:  housing for free   108       0.108    64    44 0.4074074  0.4726044
0.02610577
## 3 变量没显示: [total_iv <num>, breaks <char>, is_special_values <lgcl>]
```

输出结果给出了分箱的情况，即最后分箱的区间分别是什么，以及分箱结果中各自的样本量等。如果需要直接转化原始数据，那么需要结合 woebin_ply 函数：

```
dt_woe = woebin_ply(germancredit,bins = bins2_tree)[]
## ℹ Converting into woe values ...
## ✔ Woe transformating on 1000 rows and 2 columns in 00:00:01
dt_woe
##       status.of.existing.checking.account duration.in.month
##                                    <fctr>             <num>
##    1:                            ... < 0 DM                 6
##    2:                      0 <= ... < 200 DM                48
##    3:                   no checking account                12
##    4:                            ... < 0 DM                42
##    5:                            ... < 0 DM                24
##   ---
##  996:                   no checking account                12
##  997:                            ... < 0 DM                30
##  998:                   no checking account                12
##  999:                            ... < 0 DM                45
## 1000:                      0 <= ... < 200 DM                45
## 19 变量没显示: [credit.history <fctr>, purpose <char>, savings.account.and.
bonds <fctr>, present.employment.since <fctr>, installment.rate.in.percentage.of.
disposable.income <num>, personal.status.and.sex <fctr>, other.debtors.or.guarantors
<fctr>, present.residence.since <num>, property <fctr>, age.in.years <num>, ...]
```

可以看到，数据框的最后两列多了两个变量，分别为 credit.amount_woe 和 housing_woe，这就是新增的编码方式。通过对 woebin 函数中 method 参数进行调整，我们还可以使用卡方（chimerge）分箱、等长（width）分箱和等频（freq）分箱。由于 scorecard 包的底层是由 data.table 包进行编码的，因此运行速度非常快，适合大规模的数据建模。

6.1.3 缺失值填补

在机器学习中，计算机只能处理数值，缺失值不能被忽视。对于部分模型而言，离散变量中的缺失值可以看作一个“类别”，从而进行分析。但是对于数值变量而言，存在缺失值则只能进行剔除或者填补，否则无法进行模型拟合。在 3.8 节中，我们对缺失值的处理做了简单的介绍。但是在实践中，需要根据研究的问题或业务场景来选择缺失值填补的方法。在条件允许的情况下，应该尝试对数据进行再次记录来填补缺失值，这是最合理且有效的方法。因为丢失的信息无论如何都会对后续的建模造成影响，如果存在大量缺失值，而通过“拍脑袋”的方式填补，有可能让结果出现较大的偏差。对于数据缺失的情况，如果无法补救（例如需要对一个时间点的数据进行记录，但是过了这个时间就再也无法进行观测），但是又不能直接舍弃这个数据，那么就只能进行插值。插值的方法有很多，在使用这些方法的时候，用户必须通过业务背景知识来做合理的假设，再进行插值。而在处理缺失值之前，我们需要观察数据缺失的状况，进而对缺失的原因进行判断。从数据角度来讲，缺失值可以分为三类，即完全随机缺失（Missing Completely At Random, MCAR）、随机缺失（Missing At Random, MAR）和完全非随机缺失（Missing Not At Random, MNAR）。完全随机缺失是指缺失情况的发生不依赖于其他变量；完全非随机缺失则是指数据的缺失完全依赖于其他变量；随机缺失的情况则介于两者之间。通常，我们会采用可视化的方法来对数据的缺失情况进行判断，进而选择填补的方法。在 R 语言中，我们可以使用 `VIM` 包来对数据框的缺失状况进行可视化。下面，我们对 `VIM` 包中自带的数据集 `sleep` 进行缺失值可视化：

```
library(pacman)
p_load(VIM)

# 加载数据
data("sleep")

# 数据审视
head(sleep)
##     BodyWgt BrainWgt NonD Dream Sleep Span Gest Pred Exp Danger
## 1 6654.000   5712.0   NA    NA   3.3 38.6  645    3   5      3
## 2    1.000      6.6  6.3   2.0   8.3  4.5   42    3   1      3
## 3    3.385     44.5   NA    NA  12.5 14.0   60    1   1      1
## 4    0.920      5.7   NA    NA  16.5   NA   25    5   2      3
## 5 2547.000   4603.0  2.1   1.8   3.9 69.0  624    3   5      4
## 6   10.550    179.5  9.1   0.7   9.8 27.0  180    4   4      4
# 缺失值可视化
```

```
a <- aggr(sleep, plot = FALSE)
plot(a, numbers = TRUE, prop = FALSE)
```

在图 6-1 所示的可视化结果中，我们看到左图是每一个变量中包含的缺失值个数，而右图则是不同变量的缺失组合之间的联系（如最下面一行代表完全没有缺失的数据条目为 42 个，而最上面一行代表 NonD、Dream 和 Span 变量都缺失的条目有 1 个）。如果需要了解两个变量的缺失关系，则可以使用 marginplot 函数。如果我们想了解 Dream 和 Sleep 两个变量的缺失关系，那么可以这样操作：

```
x <- sleep[, c("Dream", "Sleep")]
marginplot(x)
```

运行结果如图 6-2 所示。

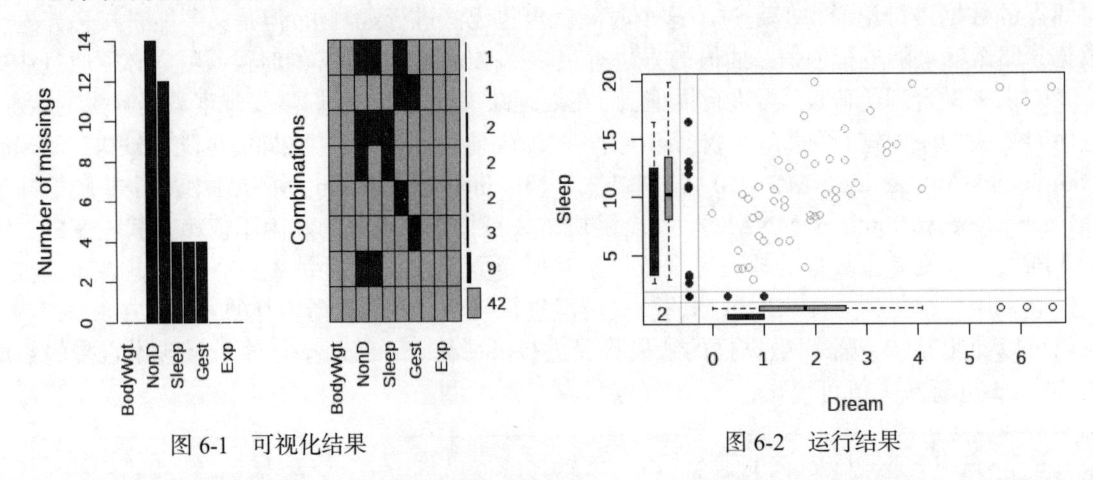

图 6-1　可视化结果　　　　图 6-2　运行结果

在图 6-2 所示的箱线图（建议读者下载配套彩图，了解图中的细节信息）中，红色部分表示当一个变量为缺失状态时，另一个变量的数据分布；蓝色部分则表示当一个变量为非缺失状态时，另一个变量的分布。而在散点图部分中，红色的点为缺失的点，其他蓝色空心的点则表示两个变量都没有缺失的数据记录。我们在 5.2.3 节中介绍过 naniar 包可以对数据框中的缺失值分布进行可视化，这里不再赘述。我们将介绍一个新的工具包，叫作 visdat，它不仅能够对缺失值进行可视化，还能够显示数据框中的数据类型。我们尝试对上面的 sleep 数据集做简单的可视化尝试：

```
p_load(visdat)
vis_dat(sleep)
```

可视化结果如图 6-3 所示。

在进行可视化之后，我们知道哪些变量存在缺失值，而且对缺失值的多少和连续性也有了初步的认知。如果能够直接找到缺失原因，然后进行补录数据，是最理想的状况。如果无法实现，那么就要先了解数据，然后进行插补。例如表示地域的气温变化的数据是连续的时间序列数据，如果气温短期能够维持稳定，那么观测系统如果无法采集到部分实时数据，就可以利用其上一条或下一条信息进行插补，或者先对上一条数据和下一条数据取平均再进行插补。有的缺失信息则是与其他变量存在相关关系，那么可以利用其他变量与之建模，然后利用这个模型和条目中的其他非缺失数据来对缺失的特征进行填补。缺失值的插补方法非常多，在 CRAN 平台上有针对缺失数据处理的专题文档，该文档对各种各样的缺失值处理方法进行了介绍。尽管获知插补原理能够提高我们的效率，但是这样可能会提高学习成本。比较好的方案是，对正常的数据人为插入缺失值，再利用多种缺失值插补方法来进行插补，然后比较其效果，获知哪个插补方法比较适合插补这个特定的数据类型。最后在实践中，根据之前的经验，用特定的方法进行插补。这里，我们先对 `simputation` 包进行简单的演示介绍，它为多种缺失值插补方法提供了通用接口，能够给用户带来更大的便利。目前该包支持的方法包括线性回归、决策树模型、弹性网、随机森林、k 近邻插值等，而且还支持分组插值操作。下面我们对基本包中的 iris 数据集进行人工插入缺失值，然后利用 `simputation` 包来进行插补演示。

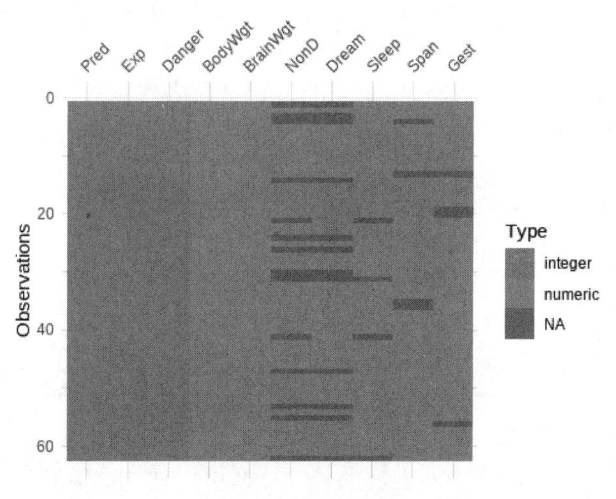

图 6-3 可视化结果

```
p_load(simputation)
dat <- iris
dat[1:3,1] <- dat[3:7,2] <- dat[8:10,5] <- NA  # 人工插入缺失值
head(dat,10)
##    Sepal.Length Sepal.Width Petal.Length Petal.Width Species
## 1            NA         3.5          1.4         0.2  setosa
## 2            NA         3.0          1.4         0.2  setosa
## 3            NA          NA          1.3         0.2  setosa
## 4           4.6          NA          1.5         0.2  setosa
## 5           5.0          NA          1.4         0.2  setosa
## 6           5.4          NA          1.7         0.4  setosa
```

```
## 7          4.6          NA          1.4          0.3  setosa
## 8          5.0         3.4          1.5          0.2    <NA>
## 9          4.4         2.9          1.4          0.2    <NA>
## 10         4.9         3.1          1.5          0.1    <NA>
```

现在的 dat 变量就包含了人工插入的缺失值。simputation 包中的 impute_系列函数能够协助我们对这些缺失值进行插值。例如，我们可以用线性回归模型，以 Sepal.Width 和 Species 变量作为解释变量，对 Sepal.Length 进行预测，从而完成插值：

```
da1 <- impute_lm(dat, Sepal.Length ~ Sepal.Width + Species)
head(da1,3)
##   Sepal.Length Sepal.Width Petal.Length Petal.Width Species
## 1     5.076579         3.5          1.4         0.2  setosa
## 2     4.675654         3.0          1.4         0.2  setosa
## 3           NA          NA          1.3         0.2  setosa
```

在结果中，我们观察到第 3 行的 Sepal.Length 并没有成功完成插值。那是因为插值是根据 Sepal.Width 和 Species 变量来建模完成的，但是第 3 行中 Sepal.Width 的值也是缺失的，因此该项无法进行填补（无法利用缺失的自变量对因变量进行预测）。对于这种情况，我们可以使用其他方法来插值，例如中位数插值法（即将非缺失值的中位数填补进去）：

```
da2 <- impute_median(da1, Sepal.Length ~ Species)
head(da2,3)
##   Sepal.Length Sepal.Width Petal.Length Petal.Width Species
## 1     5.076579         3.5          1.4         0.2  setosa
## 2     4.675654         3.0          1.4         0.2  setosa
## 3     5.000000          NA          1.3         0.2  setosa
```

我们还是使用了 Sepal.Length ~ Species 公式，这意味着中位数插值会根据 Species 分组进行。如果要对 Species 这一列进行插补，那么可以使用决策树的方法。这个时候，我们利用除了 Species 以外的所有变量对其进行预测（公式记为 Species ~ .）：

```
da3 <- impute_cart(da2, Species ~ .)
head(da3,10)
##    Sepal.Length Sepal.Width Petal.Length Petal.Width Species
## 1      5.076579         3.5          1.4         0.2  setosa
## 2      4.675654         3.0          1.4         0.2  setosa
## 3      5.000000          NA          1.3         0.2  setosa
## 4      4.600000          NA          1.5         0.2  setosa
## 5      5.000000          NA          1.4         0.2  setosa
## 6      5.400000          NA          1.7         0.4  setosa
## 7      4.600000          NA          1.4         0.3  setosa
## 8      5.000000         3.4          1.5         0.2  setosa
```

```
## 9       4.400000          2.9          1.4          0.2  setosa
## 10      4.900000          3.1          1.5          0.1  setosa
```

因为 impute_系列函数总是接收一个数据框，又返回一个填补后的数据框，因此可以使用管道操作符%>%进行逐步分解处理。例如，上面的所有处理可以使用一个语句完成：

```
library(magrittr) # 管道操作符包的加载
##
## Attaching package: 'magrittr'
## The following object is masked from 'package:dlookr':
##
##     extract
da4 <- dat %>%
  impute_lm(Sepal.Length ~ Sepal.Width + Species) %>%
  impute_median(Sepal.Length ~ Species) %>%
  impute_cart(Species ~ .)
```

那么 da4 中就是我们想要的结果。如果需要分组进行填补，则可以在公式中使用“|”符号。例如，我们要在每个 Species 中利用 Petal.Width 对 Sepal.Length 进行线性插值，可以这样操作：

```
# 构造缺失数据集
dat <- iris
dat[1:3,1] <- dat[3:7,2] <- NA

# 分组插补
da8 <- impute_lm(dat, Sepal.Length ~ Petal.Width | Species)
head(da8)
##   Sepal.Length Sepal.Width Petal.Length Petal.Width Species
## 1     4.968092         3.5          1.4         0.2  setosa
## 2     4.968092         3.0          1.4         0.2  setosa
## 3     4.968092          NA          1.3         0.2  setosa
## 4     4.600000          NA          1.5         0.2  setosa
## 5     5.000000          NA          1.4         0.2  setosa
## 6     5.400000          NA          1.7         0.4  setosa
```

如果需要自定义插补函数，则可以使用 impute_proxy 函数实现，把函数放在公式中的“～”符号右边即可。这里，我们尝试利用一个设定好的规则公式来对 Sepal.Length 进行插值：

```
dat <- iris
dat[1:3,1] <- dat[3:7,2] <- NA
```

```
    dat <- impute_proxy(dat, Sepal.Length ~ median(Sepal.Length,na.rm=TRUE)/
median(Sepal.Width, na.rm=TRUE) * Sepal.Width | Species)
    head(dat)
    ##   Sepal.Length Sepal.Width Petal.Length Petal.Width Species
    ## 1     5.147059         3.5          1.4         0.2  setosa
    ## 2     4.411765         3.0          1.4         0.2  setosa
    ## 3           NA          NA          1.3         0.2  setosa
    ## 4     4.600000          NA          1.5         0.2  setosa
    ## 5     5.000000          NA          1.4         0.2  setosa
    ## 6     5.400000          NA          1.7         0.4  setosa
```

同时，“～”的右边也可以放入训练好的模型以作为插值的依据。例如我们先训练一个线性回归模型，然后利用它来进行插值：

```
    # 训练模型
    m <- lm(Sepal.Length ~ Sepal.Width + Species, data=iris)

    # 构造数据集
    dat <- iris
    dat[1:3,1] <- dat[3:7,2] <- NA
    head(dat)
    ##   Sepal.Length Sepal.Width Petal.Length Petal.Width Species
    ## 1           NA         3.5          1.4         0.2  setosa
    ## 2           NA         3.0          1.4         0.2  setosa
    ## 3           NA          NA          1.3         0.2  setosa
    ## 4          4.6          NA          1.5         0.2  setosa
    ## 5          5.0          NA          1.4         0.2  setosa
    ## 6          5.4          NA          1.7         0.4  setosa
    # 进行插值
    dat <- impute(dat, Sepal.Length ~ m)
    head(dat)
    ##   Sepal.Length Sepal.Width Petal.Length Petal.Width Species
    ## 1     5.063856         3.5          1.4         0.2  setosa
    ## 2     4.662076         3.0          1.4         0.2  setosa
    ## 3           NA          NA          1.3         0.2  setosa
    ## 4     4.600000          NA          1.5         0.2  setosa
    ## 5     5.000000          NA          1.4         0.2  setosa
    ## 6     5.400000          NA          1.7         0.4  setosa
```

除了 simputation 包，其他常用的缺失值处理包还包括 VIM、mice、imputeR、missRanger、miceRanger、imputeTS 等，感兴趣的读者可以在 CRAN 网站上进一步了解。

6.2 特征构造

特征修饰是直接在原有特征基础上做修改来替换掉原来的列，而本节要讲的特征构造，则是基于已有的一个或多个特征，进行信息的展开或提炼融合，这样能够生成更好的数据表示（representation），进而提高机器学习的效率。

6.2.1 构造交互项

在进行特征构造时，最优先考虑的是研究问题的背景，例如温度和湿度这两个因素都与体感温度有关，这时我们就可以构造温度与湿度的交互项（可以求两者的乘积），然后再与体感温度进行建模。在 R 语言中，数据框支持向量化操作，因此要构造新的变量非常便捷。下面分别展示在不同数据操作包中构造新变量的实现代码：

```
library(pacman)
p_load(dplyr,data.table,tidyfst)

# 构建演示数据
dt = data.frame(temperature = 28:30,humidity = c(.7,.8,.9))
dt
##   temperature humidity
## 1          28      0.7
## 2          29      0.8
## 3          30      0.9
# 基本包实现方法
dt$th = dt$temperature * dt$humidity
dt
##   temperature humidity   th
## 1          28      0.7 19.6
## 2          29      0.8 23.2
## 3          30      0.9 27.0
## 初始化数据框
dt = data.frame(temperature = 28:30,humidity = c(.7,.8,.9))
dt
##   temperature humidity
## 1          28      0.7
## 2          29      0.8
## 3          30      0.9
# dplyr 实现方法
dt %>% dplyr::mutate(th = temperature * humidity)
##   temperature humidity   th
```

```
## 1          28       0.7 19.6
## 2          29       0.8 23.2
## 3          30       0.9 27.0
# tidyfst 实现方法
dt %>% tidyfst::mutate_dt(th = temperature * humidity)
##    temperature humidity    th
##          <int>    <num> <num>
## 1:          28      0.7  19.6
## 2:          29      0.8  23.2
## 3:          30      0.9  27.0
# data.table 实现方法
as.data.table(dt)[,th:=temperature * humidity][]
##    temperature humidity    th
##          <int>    <num> <num>
## 1:          28      0.7  19.6
## 2:          29      0.8  23.2
## 3:          30      0.9  27.0
```

在建模中，我们要对交互项进行合理的解释。例如，在线性回归中构建交互项，如果交互项的回归系数是显著的且为正值，那么说明这两个因子之间可能存在协同作用（互相促进）；如果为负值，则可能存在拮抗作用（即两个因素可能相互抑制、相互抵消）。在构建新的特征以后，原来的特征既可以保留，也可以剔除，这需要具体问题具体分析。

6.2.2　基于降维技术的特征构造

数据降维也是构造新特征的有效方法之一，常见的方法包括 PCA、SVD、MDS 等。以主成分分析（Principal Components Analysis，PCA）为例，它本质上是一种线性变换，将数据变换到一个新的坐标系统中，使得数据条目在第一个坐标（第一主成分或称为第一主轴）上的方差最大，第二个次之，以此类推。这个方法可以有效地减少数据集的维度，同时保留数据集中方差贡献最大的特征。这种方法能够构建出新的特征，而每个特征本质上就是其他所有变量的线性组合。在 R 语言中实现 PCA 非常简单，但是需要注意以下 3 点。

- PCA 针对的是数值型变量，如果数据框中有字符型或因子型变量，是无法正确进行 PCA 的。
- 当不同变量的量纲差距很大的时候，一般需要先对数据进行 Z 中心化（即中心化与标准化），然后再进行 PCA 分析。
- 做 PCA 的目的是避免“维度灾难”，毕竟在机器学习中过多的特征往往会导致准确率下降。

但是在实际操作中，究竟要留下多少主轴作为特征仍需要进行更多的尝试。下面，我们以 `iris` 数据为例，来通过 PCA 构建特征。首先，`iris` 数据的第 5 列是因子变量，因此我们需要将其去除：

```
my_iris = iris[,-5]
head(my_iris)
##   Sepal.Length Sepal.Width Petal.Length Petal.Width
## 1          5.1         3.5          1.4         0.2
## 2          4.9         3.0          1.4         0.2
## 3          4.7         3.2          1.3         0.2
## 4          4.6         3.1          1.5         0.2
## 5          5.0         3.6          1.4         0.2
## 6          5.4         3.9          1.7         0.4
```

利用基本包中的 `prcomp` 函数进行 PCA 分析：

```
my_pca = prcomp(my_iris,scale = T)
my_pca
## Standard deviations (1, .., p=4):
## [1] 1.7083611 0.9560494 0.3830886 0.1439265
##
## Rotation (n x k) = (4 x 4):
##                     PC1         PC2        PC3        PC4
## Sepal.Length  0.5210659 -0.37741762  0.7195664  0.2612863
## Sepal.Width  -0.2693474 -0.92329566 -0.2443818 -0.1235096
## Petal.Length  0.5804131 -0.02449161 -0.1421264 -0.8014492
## Petal.Width   0.5648565 -0.06694199 -0.6342727  0.5235971
```

因为我们的数据框中一共有 4 个变量，因此会形成 4 个主成分，其中第一主成分会表达最多的方差。从结果中可以看到，PC1 是第一主成分，它是 4 个变量的线性组合，计算方式相当于 `PC1` = `0.5210659` × `Sepal.Length` - `0.2693474` × `Sepal.Width` + `0.5804131` × `Petal.Length` + `0.5648565` × `Petal.Width`。这个就是我们构造出来的新特征之一，要在 R 语言中获得这些新的特征，可以这样操作：

```
my_pca_features = my_pca$x
head(my_pca_features)
##            PC1        PC2         PC3          PC4
## [1,] -2.257141 -0.4784238  0.12727962  0.024087508
## [2,] -2.074013  0.6718827  0.23382552  0.102662845
## [3,] -2.356335  0.3407664 -0.04405390  0.028282305
## [4,] -2.291707  0.5953999 -0.09098530 -0.065735340
## [5,] -2.381863 -0.6446757 -0.01568565 -0.035802870
## [6,] -2.068701 -1.4842053 -0.02687825  0.006586116
```

可以看到返回结果是一个矩阵，每一列都是一个新的特征。其中，`PC1` 所表达的方差最大，我们可以选用排名前几位的主成分作为特征表示。如果想知道前几位的主成分代表的数据的具体方差百分比，则可以这样操作：

```
summary(my_pca)
## Importance of components:
##                           PC1    PC2     PC3     PC4
## Standard deviation     1.7084 0.9560 0.38309 0.14393
## Proportion of Variance 0.7296 0.2285 0.03669 0.00518
## Cumulative Proportion  0.7296 0.9581 0.99482 1.00000
```

结果表明，PC1 可以表达 72.96%的方差，而 PC2 可以表达 22.85%的方差，前两个主成分累计可以表达 95.81%的方差。

6.2.3 One-Hot 编码

One-Hot 编码常被译作热值编码或独热编码，用于将分类变量数值化。其原理非常简单，例如数据框中有一列表示季节的变量，其分类的值分别为春、夏、秋、冬。那么，我们会把季节展开为 4 个变量，即是否为春、是否为夏、是否为秋、是否为冬。如果是春天，则“是否为春”这一列的标志位为 1，其他则为 0。这里，我们使用 fastDummies 包的 dummy_cols 函数来演示如何实现这个过程。fastDummies 包能够以最快的速度完成 One-Hot 编码，这对于大数据分析来说非常有效。首先我们构造一个具有季节变量的数据框：

```
dt = data.frame(id = 1:10,season = sample(c("春","夏","秋","冬"),10,replace = TRUE))
```

然后，我们利用 dummy_cols 对 season 列进行 One-Hot 编码：

```
p_load(fastDummies)
dummy_cols(dt,select_columns = "season")
##    id season season_冬 season_夏 season_春 season_秋
## 1   1     秋         0         0         0         1
## 2   2     夏         0         1         0         0
## 3   3     夏         0         1         0         0
## 4   4     春         0         0         1         0
## 5   5     夏         0         1         0         0
## 6   6     春         0         0         1         0
## 7   7     夏         0         1         0         0
## 8   8     冬         1         0         0         0
## 9   9     冬         1         0         0         0
## 10 10     夏         0         1         0         0
```

在结果中，我们可以看到新增了 4 个新列，分别为 season_春、season_夏、season_秋、season_冬，而且它们之间存在互斥关系（即一行中这 4 列只能有一个为 1，其他均为 0）。

利用这种方法，我们就成功地把分类变量 season 变成了计算机能够直接进行建模分析的数值型数据框。这里，我们在建模之前，只需要把 season 列和其他非数值列删除即可。

6.3　特征筛选

特征筛选（feature selection）是指对多维数据的变量进行评估，保留重要信息、剔除次要信息的过程。这个过程就像一个筛子，把对建模有帮助的变量保留下来，把一些对建模不利的变量直接删除。这个过程不仅能够提高模型的表现，还让建模的过程更加有效（速度加快，因为需要计算的数据量少了），并降低了模型的复杂程度，从而使其背后的机制更加清晰。特征筛选算法分为三大类，分别是过滤法（filter method）、封装法（wrapper method）和嵌入法（embedded method），它们各具特色。

6.3.1　过滤法

过滤法是在数据预处理阶段直接对解释变量进行筛选，这个过程会利用一些统计学手段来为每一个特征进行打分、排名，然后从候选变量中筛选出部分价值高的变量进行建模。我们可以把这个过程比作公司招聘，公司对每一个求职者进行打分评估，然后选择其中分数最高的求职者。一个典型的过滤法就是计算方差膨胀因子（Variance Inflation Factor，VIF），这个方法可以解决数据集中的共线性问题（即数据集中两个或多个变量存在强相关性）。一个变量的 VIF 取值范围是 1 到正无穷大，一般筛选规则如下：

- VIF 为 1 的时候，说明一个变量与其他变量之间不存在明显的线性相关；
- VIF 的值在 1～5 之间时，说明该变量与其他变量之间存在一定的相关性，但是并不会有实质性影响；
- VIF 的值大于 5 时，说明该变量与其他预测变量存在严重的相关性，这样构建的模型可能非常不可靠。

在 R 语言中，要计算 VIF 值，可以使用 car 包的 vif 函数。例如，如果我们需要利用 mtcars 数据集中的 disp、hp、wt 和 drat 变量来预测 mpg 变量，那么想要获取所有解释变量的 VIF 值，可以这样操作：

```
library(pacman)
p_load(car)

model <- lm(mpg ~ disp + hp + wt + drat, data = mtcars)
vif(model)
##     disp       hp       wt     drat
## 8.209402 2.894373 5.096601 2.279547
```

在结果中，我们可以看到，disp 的 VIF 值非常高，因此应该予以剔除。我们可以将剔除 disp 前与剔除 disp 后的两个模型进行比较：

```
model_after = lm(mpg ~  hp + wt + drat, data = mtcars)
summary(model)
##
## Call:
## lm(formula = mpg ~ disp + hp + wt + drat, data = mtcars)
##
## Residuals:
##     Min      1Q  Median      3Q     Max
## -3.5077 -1.9052 -0.5057  0.9821  5.6883
##
## Coefficients:
##              Estimate Std. Error t value Pr(>|t|)
## (Intercept) 29.148738   6.293588   4.631  8.2e-05 ***
## disp         0.003815   0.010805   0.353  0.72675
## hp          -0.034784   0.011597  -2.999  0.00576 **
## wt          -3.479668   1.078371  -3.227  0.00327 **
## drat         1.768049   1.319779   1.340  0.19153
## ---
## Signif. codes:  0 '***' 0.001 '**' 0.01 '*' 0.05 '.' 0.1 ' ' 1
##
## Residual standard error: 2.602 on 27 degrees of freedom
## Multiple R-squared:  0.8376, Adjusted R-squared:  0.8136
## F-statistic: 34.82 on 4 and 27 DF,  p-value: 2.704e-10
summary(model_after)
##
## Call:
## lm(formula = mpg ~ hp + wt + drat, data = mtcars)
##
## Residuals:
##     Min      1Q  Median      3Q     Max
## -3.3598 -1.8374 -0.5099  0.9681  5.7078
##
## Coefficients:
##              Estimate Std. Error t value Pr(>|t|)
## (Intercept) 29.394934   6.156303   4.775 5.13e-05 ***
## hp          -0.032230   0.008925  -3.611 0.001178 **
## wt          -3.227954   0.796398  -4.053 0.000364 ***
## drat         1.615049   1.226983   1.316 0.198755
## ---
## Signif. codes:  0 '***' 0.001 '**' 0.01 '*' 0.05 '.' 0.1 ' ' 1
```

```
##
## Residual standard error: 2.561 on 28 degrees of freedom
## Multiple R-squared:  0.8369, Adjusted R-squared:  0.8194
## F-statistic: 47.88 on 3 and 28 DF,  p-value: 3.768e-11
```

我们发现，剔除后的矫正 R 方（Adjusted R-squared）为 0.8194，而剔除前为 0.8136，因此剔除 `disp` 变量可以让普通线性回归的效果更佳。基于相关分析方的过滤法还有很多，如 mRMR（Minimum Redundancy, Maximum Relevance），它的理念是让留下来的解释变量与响应变量的相关性较大，而解释变量之间的相关性较小，这样能够最大限度地减少信息冗余，有利于模型的构建。在 R 语言中可以使用 `mRMRe` 包实现。同时，`praznik` 包提供了多种基于信息方法的特征过滤器，可以便捷地实现多种过滤法。总体来说，过滤法的优点是具有较好的抗过拟合特性，同时实现起来非常快。其缺点是没有考虑后续所应用的模型，特征筛选方法与建模过程的适配性较弱。

6.3.2 封装法

封装法是一种搜索最佳变量组合的方法，具体来说就是对不同的变量组合进行建模，然后选取其中最佳的模型，把最佳模型中的变量都保留下来。依然用公司招聘举例，封装法相当于让求职者组成团队来做事情，团队之间会有人员的流动，最后录取业绩最佳的员工。全子集回归是回归分析中的封装法，它会选择所有变量的组合来计算其模型效果，然后我们可以依据不同组合的模型效果来决定保留哪一些变量。在 R 语言中，可以使用 `olsrr` 包来对这个方法进行实现，例如我们要利用 `mtcars` 数据集中的 `disp`、`hp`、`wt` 和 `drat` 变量来预测 `mpg` 变量，可以这样进行编码：

```
library(pacman)
p_load(olsrr)

model <- lm(mpg ~ disp + hp + wt + drat, data = mtcars)
ols_step_all_possible(model)
##    Index N      Predictors  R-Square Adj. R-Square Mallow's Cp
## 3      1 1              wt 0.7528328     0.7445939   13.100374
## 1      2 1            disp 0.7183433     0.7089548   18.835477
## 2      3 1              hp 0.6024373     0.5891853   38.108988
## 4      4 1            drat 0.4639952     0.4461283   61.129943
## 8      5 2           hp wt 0.8267855     0.8148396    2.803104
## 6      6 2         disp wt 0.7809306     0.7658223   10.428113
## 10     7 2         wt drat 0.7608970     0.7444071   13.759417
## 5      8 2         disp hp 0.7482402     0.7308774   15.864060
## 9      9 2         hp drat 0.7411716     0.7233214   17.039464
## 7     10 2       disp drat 0.7310094     0.7124583   18.729292
## 14    11 3      hp wt drat 0.8368791     0.8194018    3.124683
```

```
## 11    12 3      disp hp wt 0.8268361     0.8082829    4.794675
## 13    13 3    disp wt drat 0.7835315     0.7603385   11.995615
## 12    14 3    disp hp drat 0.7750131     0.7509073   13.412111
## 15    15 4 disp hp wt drat 0.8376289     0.8135739    5.000000
```

在结果表格中，我们可以看到不同变量组合进行回归分析的时候所获得的 R 方，可以利用这个来判断哪个变量组合最好。在这个例子中，矫正 R 方最高的组合为 hp/wt/drat 变量组合，因此利用 hp、wt 和 drat 这三个变量来对 mpg 构建线性回归模型的效果最佳。此外，FSinR 包也提供了一系列的封装法，用户可以选择不同的搜索算法来找到最佳的变量组合。总体而言，封装法会针对需要用的模型来做特征筛选，因此往往表现得更好，但是这也导致它更加容易过拟合。同时，要对大量组合进行测试可能会给计算机带来更多的负担，这样会降低筛选的效率（需要的时间往往更长）。

6.3.3　嵌入法

嵌入法是一种在建模过程中对变量选择进行优化的方法，它与封装法有一定的相似性，都会根据模型进行优化。不同的是，嵌入法在模型中内置一定的规则来对特征进行评估，然后决定把变量纳入模型还是剔除。如果用公司招聘作为例子，那么嵌入法相当于竞争流动机制，公司先接受一部分求职者，然后表现好的留下，表现不好的随时淘汰，再重新吸纳新的成员。逐步回归是线性模型嵌入法的一种，它可以分为前向选择和后向选择两种。前向选择首先把一个模型纳入其中，然后每一步加入一个变量，再对模型的某一指标（如 AIC）进行评估。如果指标显示模型变好了，那么说明这个变量值得纳入；如果模型变坏了，则认为变量可以剔除。后向选择则先一次性把所有变量纳入线性模型然后每一步剔除一个变量，看看模型的表现是提升还是下降了，从而判断是否应该剔除某一变量。两者还可以混合使用，一般将其称为双向选择。在 R 语言中，我们可以使用 step 函数来实现逐步回归。这里，我们会利用上一节的 mtcars 数据集进行演示。其中，mpg 作为响应变量、其他所有变量作为解释变量进行线性回归分析，可以使用 olsrr 包中的 ols_step_forward_aic 函数进行实现，其中每一步的判断标准是 AIC 准则。AIC 准则是衡量统计模型拟合优良性的一种标准，建立在熵的概念基础上，可以权衡所估计模型的复杂度和此模型拟合数据的优良性：

```
library(pacman)
p_load(olsrr)
model <- lm(mpg ~ ., data = mtcars)
ols_step_forward_aic(model)
##
##                        Selection Summary
## ------------------------------------------------------------------
## Variable       AIC       Sum Sq       RSS       R-Sq     Adj. R-Sq
## ------------------------------------------------------------------
## wt          166.029     847.725    278.322    0.75283      0.74459
```

```
## cyl          156.010    934.875    191.172    0.83023       0.81852
## hp           155.477    949.427    176.621    0.84315       0.82634
## ----------------------------------------------------------------
```

可以看到，最后筛选出来的变量分别为 wt、cyl 和 hp。总体而言，嵌入法的实现要比封装法更快，比过滤法更准确，而且也不容易过拟合，但是这种方法的模型依赖性比较强。嵌入法可以平衡执行效率与模型表现，能够在有限时间内获得相对较好的变量组合来逼近最佳模型。

第 7 章　重采样方法

在构建模型的时候，我们往往不会使用全样本来建模，而是预留一部分样本作为验证数据。经过多次迭代后把所有的结果汇总归纳，然后综合起来对模型进行评估，这样来衡量模型往往更为合理。关于如何对训练集和验证集进行合理的划分，就涉及重采样（resampling）方法。另外，在类别严重失衡的时候，也可以采用重采样技术对样本进行调整，从而让模型能够更好地识别出目标类。本章将会就这两个问题，来对一些常见的重采样方法进行介绍。

7.1　针对模型评估的重采样

如果要对一个模型进行评估，一般要看这个模型在新数据上的表现，而不仅是在训练数据上的表现。因此我们往往要把数据分为训练数据和验证数据，然后根据模型在验证集中的表现来评估模型的总体表现。本节将介绍两种最常见的重采样方法。

7.1.1　交叉验证

交叉验证（cross validation），一般指的是 K 折交叉验证（K-fold cross validation），即把数据集先分为 K 等份，然后利用 K-1 份数据作为训练集，余下 1 份数据作为验证集，从而获得模型表现指标。这个过程会迭代 K 次（即每一份数据都会被作为验证集，其余数据作为训练集），然后以 K 次验证集模型表现的汇总结果（求平均值）作为模型的总体表现（均值）。图 7-1 演示了 3 折交叉验证的过程。

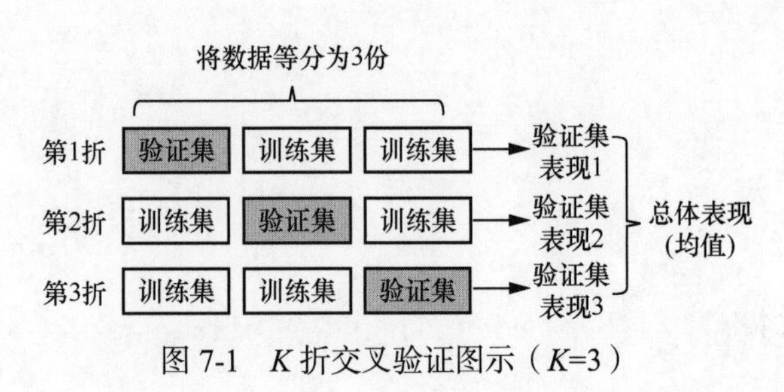

图 7-1　K 折交叉验证图示（K=3）

K 折交叉验证的一个特例是留一交叉验证（Leave One Out Cross Validation，LOOCV），即

每次迭代中只有一个样本被用作验证，而其他数据则全部用来进行训练，这样 *K* 就是数据总体样本量，会迭代 *K* 次，然后综合 *K* 次模型表现作为模型最终表现。这种方法运算量非常大，常被用在小样本数据集上，这样可以获得较稳健的结果。*K* 值一般取 5 或 10，但这不是严格的规定，建模者可以经过多次尝试来确定 *K* 的取值。还有一种方法是进行多次 *K* 折交叉验证（repeated *K*-fold cross validation），然后再取平均值。这种方法会更加稳健，不仅能够提高精度（模型表现提高），还能够有效控制结果（不同迭代中模型的表现）之间的偏差（即减少结果总体的方差）。还有一种重采样方法被称为留多交叉验证（leave group out cross validation），或称为蒙特卡洛交叉验证（Monte-Carlo cross validation），其本质是多次将数据集划分为训练集和验证集两部分。一般会把数据样本的 75%～80%用作训练数据，其余用来做验证数据，这种分配较为合理。如果重复次数较多，那么也可以再多抽取一些样本作为训练集。

7.1.2 自举法

自举法（bootstrap）又被称为拔靴法，是在有效样本条件下经过反复抽样来构建样本集的过程。它的本质是有放回的随机抽样，因此在一次迭代中，一个样本被抽中一次后，它在后面仍然可能被抽中。而一次都没有被抽中的样本被称为袋外样本（out-of-bag sample）。被抽中的样本会用于训练，而袋外样本则用于验证。举例而言，我们有样本 A、B、C、D、E、F（见图 7-2），采用有放回的随机抽样过程来装袋（bagging），例如抽 5 次，分别抽中 A、C、C、D、E，其中 C 被抽中两次。那么没有被抽中的 B 和 F 就构成了袋外样本。我们会利用 A、C、C、D、E 作为训练集，B 和 F 作为验证集来对模型进行训练和评估。这种方法常常用于小样本数据，因为反复抽中相同的样本，能够弥补样本量不够所带来的问题。但是这样也会引入额外的问题，如样本集会偏向多数类的样本，因为多数类的样本总是更可能被反复抽到。

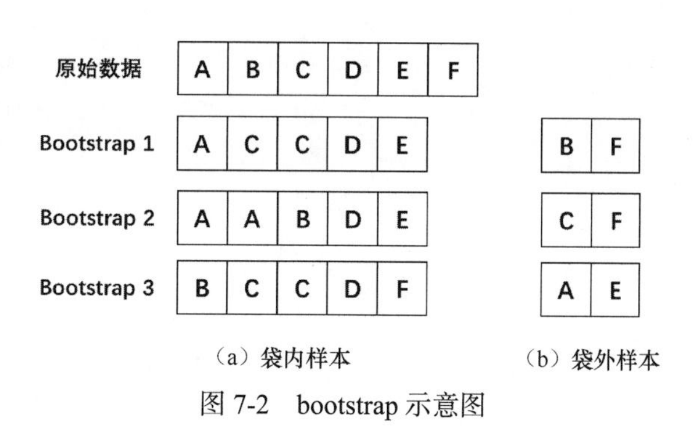

图 7-2 bootstrap 示意图

7.2 针对类失衡的重采样

在有监督分类中，有的时候响应变量中的某一个类别可能比较少，这样就导致训练出来的模型难以识别这一类。例如，要根据体育测试成绩来对学生的性别进行判断，如果样本中有 99 个男生和 1 个女生，那么不需要任何模型，只需要盲猜性别为男就可以得到 99%的准确率。这样具有其合理性，即根据样本分布直接进行判断。但是在某些时候，这样做却不是理想的。例如在信用预测中，判断一个用户是否会违约。可能违约样本在训练集中就比较少，但是如果盲目地认定所有用户都不会违约，那么给公司带来的损失是巨大的。为了能够更好地识别违约的样本，就需要利用一定的方法来调整样本分布，而重采样技术就能完成这一点。常见的事后重采样方法包括向上采样（up-sampling）和向下采样（down-sampling）。前者是通过随机抽取样本中的少数类补充到原始数据中，从而让类平衡的方法。后者则是通过减少原始数据中多数类的样本，从而达到类平衡的方法。一般而言，向下采样会导致原始信息减少，只有在原始数据量非常大的时候才会采用，而向上采样则通常在样本量不足的情况下采用。还有一种重采样方法被称作 SMOTE（Synthetic Minority Over-Sampling Technique），它在向上采样的时候没有随机采用原始数据，而是利用 K 近邻的方法来构造新的数据，这种方法有利于在一定程度上抑制过拟合现象。

第 8 章　模型表现的衡量

在图 7-1 中，我们知道在模型评估中需要先对模型的表现进行衡量，然后再求均值。而如何来衡量一个模型的好坏，是需要一定标准的。回归问题和分类问题有着不同的衡量标准，因此，衡量方法也有所不同。这里，我们对较为常见的衡量方法进行简单介绍。

8.1　回归模型的表现衡量

回归模型对响应变量的预测结果为数值型，因此一般都会计算原始数值与预测数值的差值，这个差值越小则说明模型表现越好。基于该原则设计的指标包括均方根误差（Root Mean Squared Error，RMSE）、均方误差（Mean Squared Error，MSE）、平均绝对误差（Mean of Absolute Errors，MAE）等。MSE 的本质是观测值与预测值之间的残差平方和，而 RMSE 则在此基础上取平方根，以保持原始数据的量纲值（单位保持一致）。MAE 则是残差绝对值的均值。这些指标的一致性是：当其趋近于 0 的时候，代表模型的表现越好；而这些指标数值越大的时候，则代表模型与真实状况之间存在较大偏差。但是，不同的指标之间会存在一定的差异性（如 RMSE 和 MSE 会对大偏差更为敏感），在实践中也可以通过同时展示多个指标来对模型进行综合评价。另一种常用的回归模型衡量指标是 R 方，又被称为决定系数，常被解释为模型能够解释真实情况的比例。R 方是一种相关性衡量，而不是准确性衡量，它代表了预测值是否与真实值高度相关。R 方的上限为 1，下限为 0。当取值接近 1 的时候，可以认为模型表现良好；而接近 0 的时候，则说明模型的表现不佳。在线性回归中，我们往往会用 R 方作为重要的模型衡量指标。当变量数量增多的时候，模型的 R 方总会提高，但实际上它包含很多冗余信息，因此常常会利用校正后的 R 方（adjusted R squared）来做模型的衡量，这种方法有助于我们判断一个新变量的加入是否给模型带来了实质性的变化。在 R 语言中，如果调用 `lm` 函数来做回归分析，那么函数的概要（summary）会主动提供模型的 R 方与校正 R 方信息。例如，我们可以利用 iris 数据集的 `Sepal.Length` 和 `Sepal.Width` 两列来构建回归模型：

```
summary(lm(Sepal.Length~Sepal.Width,iris))
##
## Call:
## lm(formula = Sepal.Length ~ Sepal.Width, data = iris)
```

```
##
## Residuals:
##     Min      1Q  Median      3Q     Max
## -1.5561 -0.6333 -0.1120  0.5579  2.2226
##
## Coefficients:
##             Estimate Std. Error t value Pr(>|t|)
## (Intercept)   6.5262     0.4789   13.63   <2e-16 ***
## Sepal.Width  -0.2234     0.1551   -1.44    0.152
## ---
## Signif. codes:  0 '***' 0.001 '**' 0.01 '*' 0.05 '.' 0.1 ' ' 1
##
## Residual standard error: 0.8251 on 148 degrees of freedom
## Multiple R-squared:  0.01382,    Adjusted R-squared:  0.007159
## F-statistic: 2.074 on 1 and 148 DF,  p-value: 0.1519
```

在结果中，`Multiple R-squared` 后面显示的是常使用的 R 方，而 `Adjusted R-squared` 后面所显示的则是校正后的 R 方，用户可以根据需要来使用这些统计指标。

8.2 分类模型的表现衡量

在分类模型中，适用性最广的指标是准确率（accuracy），它计算的是正确分类判断的样本占总体样本的比例，该值越高说明模型表现越好。当然，也可以使用错误率（error rate）来评估模型，即错误判断的样本占总样本的比例，这个数值越低说明模型越好。在二分类问题中，还衍生出更多指标来对模型进行多样化的评估。在二分类问题中，正类（positive class）和负类（negative class）是指被模型预测或分类的两个不同类别。正类指的是我们在解决问题时关心的目标类别，负类则指的是正类以外的其他类别。举例而言，对于是否患有流行病这个问题，患病会被认为正类，而没有患病会被认为负类。在违约问题中，违约常被看作正类，而没有违约则被看作负类。当正类被准确判断为正类的时候，我们会将其称为真阳性（True Positive，TP）；当正类被判断为负类的时候，则会被称为真阴性（True Negative，TN）。另外，当负类被判断为正类的时候，被称为假阳性（False Positive，FP）；负类被判断为负类的时候，则被称为假阴性（False Negative，FN）。在该体系下，准确率的计算方法为(TP+TN)/(TP+FN+FP+TN)。由于正类往往是我们关心的，所以就衍生出精确率（precision）和召回率（recall）两个概念。其中，精确率是指正确判断的正类占总体正类的比例，即 TP/(TP+FP)。而召回率则是正确判断的正类占所有正确判断样本的比例，即 TP/(TP+FN)。在精确率与召回率的概念基础上，又衍生出 F1 值的概念，即精确率与召回率的调和平均值，其计算方法为 $F1=2\times(\text{Precision}\times\text{Recall})/(\text{Precision}+\text{Recall})$。$F1$ 值为 1 的时候，模型达到最佳状态，而为 0 的时候则表现最差。我们常常使用混淆矩阵（confusion matrix）来对这些关系进行表示，如图 8-1 所示。

混淆矩阵

预测 \ 实际	0	1
0	TN	FN
1	FP	TP

$$精确率=\frac{TP}{TP+FP}$$

$$召回率=\frac{TP}{TP+FN}$$

$$F1值=\frac{2\times precision\times Recall}{Precision+Recall}$$

$$准确率=\frac{TP+TN}{TP+TN+FP+FN}$$

图 8-1 混淆矩阵示意图

在 R 语言中，可以利用 caret 包的 `confusionMatrix` 函数来展示混淆矩阵，具体帮助文档可以在加载 caret 包后键入 `?confusionMatrix` 进行获取。除了上述的指标，在二分类的时候还可以使用 Kappa 值、AUC 值（Area Under the ROC，即 ROC 曲线下的面积）等指标作为模型表现的依据。它们共同的特点是，其值越高，表示模型越准确。在后面的内容中，我们将会利用 R 语言对这些方法进行更多的演示。

第9章　模型选择

在机器学习领域中，模型选择遵循“没有免费午餐”定理（No Free Lunch Theorem），这个定理认为在有监督学习中没有任何一种机器学习模型是能够在任意场景中都完美适用的。这是因为不同的问题涉及不同的背景，而每一个机器学习模型都有着不同的假设，如果场景中的情况支持这些假设，该模型就会表现良好，反之则表现较差。所以在进行机器学习的时候，我们往往需要尝试多个模型来对数据进行训练，然后从中挑选出比较好的模型，再做进一步的优化。在本章中，我们会对常见的机器学习模型进行简要介绍，然后利用 R 语言中的 mlr3 工具来演示如何在 R 语言中根据模型表现来对多个机器学习模型进行筛选。

9.1　机器学习模型概览

机器学习算法非常繁杂，它们基于不同的假设，训练时间也具有差异性，适用于不同的场景。本节将聚焦常用的机器学习算法，对它们进行简要的介绍，并对其适用范围进行简单分析，以便读者根据自己的需要进行选择。

9.1.1　线性回归

- 适用范围：回归、分类。
- 基本概念：线性回归关注的是一个因变量（响应变量）与一个或多个自变量（解释变量）之间的线性关系。以一元线性回归为例，如果用 y 表示因变量，x 表示自变量，那么线性回归方程可以表达为 y=a+bx，其中 a 和 b 分别表示截距和 x 的回归系数，它们的计算依赖于最小二乘估计。当自变量增多的时候，一元线性回归就衍生为多元线性回归；而在响应变量只有两个类别的时候，我们又可以对响应变量做一个转换，一元线性回归衍生为逻辑回归。回归分析是传统统计学中的重要组成部分，它简单、稳健、训练速度快，而且在不同的场景下有许多方法学的变化，例如为了减少模型方差而加入正则项，这可以衍生出岭回归、Lasso 回归和弹性网模型。
- 应用场景：线性回归的应用场景有很多，在自然科学、管理科学和社会经济学中都有广泛应用。举一个简单的例子，将一个班的男同学与女同学的身高和体重记录下来，然后就可以用回归模型来构建性别预测模型。一般来说，要使用线性回归的话，我们承认自变量与因变量之间存在线性关系。在多元回归中，我们承认这种线性关系具有可加性的特点。如果认为自变量之间存在着相关性或者非线性特点，那么就需要通过构造交互项、降维或构造新特征来进行特征修饰（可参考第 6 章的内容）。

- R 语言包支持：R 语言基本包中的 `lm` 函数和 `glm` 函数支持线性回归和逻辑回归，而 Lasso 回归和弹性网等模型则可以使用 `glmnet` 包中的 `glmnet` 函数来实现。对于数据量太大的回归，还可以尝试 `biglm` 包，它可以在一定程度上缓解内存不足的情况。

9.1.2　*K* 近邻算法（KNN）

- 适用范围：回归、分类。
- 基本概念：*K* 近邻算法（*K*-Nearest Neighbor，KNN）是一种简单的分类算法，在判断一个样本属于哪一类的时候，我们可以找到与它最为相似的 *K* 个样本，看看这 *K* 个样本都属于什么类别，然后把这 *K* 个样本的多数类作为对这个样本的预测。例如，iris 数据集涉及 3 个物种，即 setosa、versicolor 和 virginica。如果现在有一朵鸢尾花，我们不知道它属于哪个物种，那么我们可以找到与这朵鸢尾花最相近（利用花瓣和花萼的长宽来计算相对比例）的 5 朵鸢尾花，这 5 朵花如果有 3 朵是 setosa、1 朵为 versicolor、1 朵为 virginica，那么我们认为这朵不知名的花朵应该属于 setosa。
- 应用场景：KNN 算法的理念非常简单，它有一个重要假设，就是有多个特征上相似的样本应该属于同一个类别，即“物以类聚”，或称“相似相溶”。只要符合这一理念的场景，都适合利用 KNN 算法来训练。基本概念中提到的给物种分类是一种使用场景，其他使用场景还包括对用户进行分类评级、给相似的用户做商品推荐等。KNN 不仅可以用于分类，还可以被用在回归中。例如我们要对一个样本的某个数值变量进行预测，我们可以找到与之类似的 *K* 个样本，然后利用 *K* 个样本在这个变量上的均值来预测这个未知样本。
- R 语言包支持：`class` 包的 `knn` 函数可以实现 KNN 算法，这个函数需要训练集（`train` 参数）和测试集（`test` 参数），并提供训练集的分类结果（必须是因子变量），而结果会返回测试集的分类结果（因子变量）。`kknn` 包中的 `kknn` 函数也能够完成类似的功能，而其中的 `train.kknn` 函数可以在训练 KNN 算法的时候使用 *K* 折交叉验证或留一交叉验证。

9.1.3　朴素贝叶斯方法

- 适用范围：分类。
- 基本概念：朴素贝叶斯模型（naive bayesian model）是一种基于贝叶斯定理的分类方法，它基于特征之间相互独立的假设，并结合先验概率与后验概率，是一种良好的分类器。这种方法实现起来简单、快速、有效，可以容忍数据中的噪声和缺失值，在小样本数据中往往具有较好的表现。不过要利用这种模型需要满足特征之间相互独立这个假设，该假设往往难以满足。例如利用温度和湿度来预测空气质量，而温度和湿度之间往往存在着相关性，这样就不满足朴素贝叶斯方法的前提假设。尽管如此，朴素贝叶斯方法依然具有很高的稳健性。即当解释变量之间存在共线性的时候，依然可以使用朴素贝叶斯的方法来建模，而且仍然能够得到不错的结果。

- 应用场景：朴素贝叶斯方法的基本思想就是，先验的知识可以为往后的判断提供很好的参考，这个思想具有较大的普遍适用性，因此算法的应用场景非常广泛，如垃圾邮件分类、信用评估等。由于这个方法训练速度比较快，因此也可以将它作为一个良好的参考基准来衡量其他模型的表现。
- R 语言包支持：`e1071` 包中的 `naiveBayes` 函数能够在 R 语言中实现朴素贝叶斯建模，其数据接口与 R 语言中的线性回归类似。输出的模型结果包含先验概率和条件概率信息，可以利用 `predict` 函数来对新的数据（或训练数据本身）进行预测。详细的官方文档可键入`?e1071::naiveBayes` 获得（需要先安装 `e1071` 包）。

9.1.4　判别分析

- 适用范围：分类。
- 基本概念：线性判别分析（Linear Discriminant Analysis，LDA）是一种经典的线性有监督学习方法，它是由统计学家 Fisher 提出的，又被称为 Fisher 线性判别分析。它的基本思想是最小化类别内的方差，并最大化类之间的方差，这与方差分析非常类似。这个方法除了可以被用于分类外，还可以用于降维，其原理与 PCA 有很多相似之处。如果需要拟合非线性关系，还可以使用二次判别分析（Quadratic Discriminant Analysis，QDA），这是线性判别分析的一种变式，但是前提条件更宽松，允许异方差的存在。
- 应用场景：判别分析的应用场景非常广泛，曾被用于破产分析、脸部识别、市场营销等，具有普遍适用性。一般来说，线性判别分析与其他线性分类器（如逻辑回归）的表现相近。线性判别分析的计算速度非常快，充分利用了先验知识，但是具有正态性假设，如果数据不服从高斯分布，获得的模型效果得不到保证。
- R 语言包支持：`MASS` 包中的 `lda` 函数和 `qda` 函数能够分别完成 LDA 分析和 QDA 分析，输出结果为每一个类别的先验概率和不同组之间的均值，而 `predict` 函数可以对新的数据进行类别预测，返回结果中包含类别信息（样本最大概率属于哪一类，因子变量）和概率信息（即样本属于不同类别的概率分别是多少，数值变量）。

9.1.5　支持向量机

- 适用范围：分类。
- 基本概念：支持向量机（Support Vector Machines，SVM）是一种用于二分类的统计模型，其目标是在特征空间上让类别之间的间隔最大。这种方法对非线性问题的表现非常好，精度较高，但是训练时间会比较长，容易出现过拟合的情况。在训练 SVM 模型的时候，可以对其中的超参数做一些调节，例如核函数、惩罚参数等。在实践中，可以设置参数网格来探查不同超参数组合的效果。虽然 SVM 最开始被设计用于解决二分类问题，但其算法还可以拓展到多分类任务和回归任务中。

- 应用场景：在实践中，SVM 对大部分分类问题都有很好的效果，但是耗时比较长，同时非常耗费计算机的内存。因此，SVM 往往用来处理小规模的数据问题，或者采用分布式的框架来进行训练。
- R 语言包支持：e1071 包中的 `svm` 函数能够利用 SVM 方法来训练回归和分类模型，gensvm 包的 `gensvm` 函数则针对多分类问题提供了专门的支持。由 SVM 方法延伸出来的算法还有很多，相关的 R 语言软件包括 SwarmSVM 包、ramsvm 包、WeightSVM 包、SVMMaj 包等。

9.1.6 人工神经网络

- 适用范围：分类、回归。
- 基本概念：人工神经网络（Artificial Neural Networks，ANN）是一种强大的非线性学习器，受到人脑工作原理的启发，ANN 通过设置大量的节点并将其关联以构建复杂而精确的模型。上面提到的节点又被称为隐藏元，实质上是原始解释变量的线性组合。隐藏元的个数和层数都可以进行设置，当层数比较多的时候，我们将这种方法归为深度学习范畴，这是人工智能时代的热点研究方向。ANN 是一种精度高、耗时长的训练方法，模型有过拟合的风险。同时，深度学习往往需要数据样本量足够大，否则无法获得较好的效果。
- 应用场景：尽管 ANN 方法的训练精度较高，但是其可解释性较差，容易过拟合，因此对于传统的二维表格数据不一定有很好的适用性。但是对于文本、音频、视频、图片等数据的处理则具有独特优势，常被用于图像识别、机器翻译等任务。
- R 语言包支持：`nnet` 包的 `nnet` 函数可以实现传统的前馈神经网络建模，而 `neuralnet` 包中的 `neuralnet` 函数则可以实现反向传播神经网络建模。在深度学习领域，`torch` 包用 R 语言构建了 PyTorch 中的深度学习实现框架；而 `FuncNN` 包则为深度学习提供了一系列的函数式编程方法，使得整个过程更加简洁明晰。

9.1.7 决策树

- 适用范围：分类、回归。
- 基本概念：决策树（decision tree）这种机器学习算法基于分而治之的决策过程，通过把复杂问题分为多个分支节点进行预测。它在结构上与计算机的条件判断类似，决策过程示意图，如图 9-1 所示。作为广受欢迎的有监督学习方法，它具有训练速度快、解释性强的特点，既可以用于分类，又可以用于回归。决策树的生成方法有很多，包括 ID3、CART、C4.5、C5.0 等，在实践中可以同时使用并进行比较。

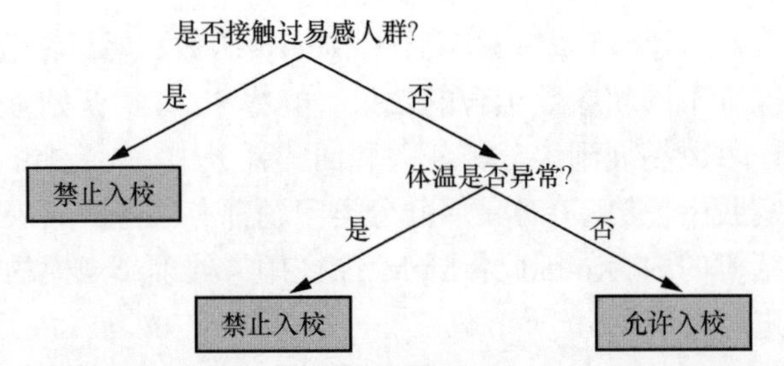

图 9-1　决策过程示意图（以流感严重期间判断人员能否入校为例）

- 应用场景：由于决策树的结果往往可以利用可视化方法直接展示，因此它非常适合一些需要揭示机理的场景。例如我们要知道用户违约的模型，就可以利用决策树算法来对用户违约的模式进行辨识。实际上，只要是满足分段判断逻辑的场景，都适合使用决策树模型。利用决策树来进行集成学习的威力往往更大，我们将在后面的随机森林模型中对这种方法进行介绍。
- R 语言包支持：rpart 包中的 `rpart` 函数可以实现 CART 算法，并有 rpart.plot 包能够对这个方法进行可视化。RWeka 包中的 `J48` 函数可以实现 C4.5 模型，而 C50 包中的 `C5.0` 函数可以实现 C5.0 分类算法。其他决策树算法相关的包还有 party、treeheatr 等。

9.1.8　随机森林

- 适用范围：分类、回归。
- 基本概念：随机森林（random forest）是一种基于决策树的机器学习模型，模型会随机抽取部分特征构建多个决策树，然后对多个决策树的结果进行汇总得到最终的预测。对于回归问题，模型会对多个决策树的结果取平均作为最终预测值；而对于分类问题，模型则会根据最终多数结果的判断来决定最后的分类结果。随机森林具有很好的抗过拟合能力，而且表现较为稳定，对离群值不敏感，是一个非常优秀的学习器。
- 应用场景：随机森林的训练速度快、可以并行，对高维数据建模非常有利。它有效地模拟了一个专家系统，通过投票来决定最终分类结果，平均汇总来决定回归结果。这个方法适用于大部分的有监督学习问题，而且还能够获取每一个变量的相对重要程度，这样有利于我们去理解优秀模型的内部机制。在实际应用中，究竟需要建立多少个决策树，以及每个决策树中放入多少特征，这些都是可以调节的超参数。
- R 语言包支持：randomForest 包的 `randomForest` 函数提供了随机森林的软件实现方法，randomForestExplainer 包则利用可视化的方法对随机森林变量重要性进行了更为深入的解析。ranger 包的 `ranger` 函数则利用 Rcpp 包为随机森林提供了一种快速的实现方法，这大大节省了训练的时间。此外，randomForestSRC 包为多种随机森林方法提供了并行化的框架，使其能更好地适应大数据分析。

9.1.9 梯度下降法

- 适用范围：分类、回归。
- 基本概念：梯度下降法是一种机器学习框架，它在每次迭代中都让损失函数减小，较为流行的工具包括 GBM、Xgboost、LightGBM 等，风靡于各大数据竞赛。这些方法不仅设计精妙，而且与计算机的性能发挥配合良好，因此大大提高了模型的训练效率。利用梯度下降法来优化决策树方法，常被称为提升树（boosting tree），这种方法与随机森林方法有所不同，在每次迭代中都用数据与上次迭代中的残差做拟合，因此这个步骤难以并行化运作（没有上一步的结果就无法继续，每一步不是独立的）。
- 应用场景：与随机森林一样，梯度下降法具有相当广泛的应用场景，几乎任何多变量拟合问题都可以尝试运用这种方法来解决。在这个框架下，我们还可以对变量重要性进行评估，有利于探知其作用机制。基于树的梯度下降法具有很高的灵活性，可以尝试不同的参数和特征组合，简单易用、可扩展性强，非常适合解决大数据场景下的预测问题。
- R 语言包支持：gbm 包提供了广义的线性提升模型，而 xgboost 包则提供了 Xgboost 算法的高效实现。此外，SurvBoost 包可以把梯度下降法运用在生存分析中，而 bst 包则为梯度下降法提供了函数式编程框架，支持多种类型的损失函数。

9.2 mlr3 工作流简介

在 R 语言中，可以实现机器学习框架的工具非常多，包括 caret、mlr、tidymodel、h2o 等。在本节中我们会介绍 mlr3 包，它是新一代的 R 语言机器学习框架，其前身为 mlr 包，但是由于 mlr 包难以扩展，因此进行重写，形成了当前的 mlr3 包。mlr3 包支持面向对象开发，底层有 data.table、future.apply 等高性能包，支持并行运算，而且具有非常系统的建模流程，包括任务定义、学习器选择、超参数调节等。在 9.1 节中，我们对常见的机器学习算法进行了介绍，接下来我们将会利用 mlr3 包作为主要工具，讲解如何在 R 语言中实现对模型的选择。但是在讲解之前，我们需要对 mlr3 的基本工作流进行了解，这样可以为后面的模型筛选实践奠定基础。

9.2.1 环境配置

首先，我们需要在 R 语言环境中下载并加载 mlr3 包。为了灵活地运用 mlr3 中的所有工具，我们可以直接下载并加载 mlr3verse 包，这个包可以自动加载 mlr3 包，并附加上其他拓展包（如 mlr3viz、mlr3learners 等）。同时，加载 tidyfst 包辅助数据操作：

```
library(pacman)
p_load(mlr3verse,tidyfst)
```

9.2.2 任务定义

在建模之前，我们需要对问题进行准确的定义。mlr3 包支持包括分类、回归、生存分析在内的多种机器学习任务。这里我们聚焦在分类和回归两种任务。例如我们要用 mtcars 数据集的前三列来构建一个训练数据集 data，然后尝试利用 cyl 和 disp 列来预测 mpg。那么，首先需要把要用的数据提取出来：

```
data = mtcars[,1:3]
head(data)
##                    mpg cyl disp
## Mazda RX4         21.0   6  160
## Mazda RX4 Wag     21.0   6  160
## Datsun 710        22.8   4  108
## Hornet 4 Drive    21.4   6  258
## Hornet Sportabout 18.7   8  360
## Valiant           18.1   6  225
dim(data)
## [1] 32  3
```

然后，我们调用 TaskRegr 对象中的 new 方法来创建这个任务，在任务中我们需要声明哪个变量是因变量（其余变量自动被认为自变量）。同时，可以对 id 参数进行设置，它是这个任务的一个编号，这里设置为 cars。backend 参数则包含我们的目标数据框（应包含一列响应变量和一列或多列解释变量，不应该有其他多余信息）：

```
task_mtcars = TaskRegr$new(id = "cars", backend = data, target = "mpg")
```

现在，我们定义的任务保存在 task_mtcars 变量中。可以看到，这是一个 32 行、3 列的数据框，响应变量（Target）为 mpg，而其他变量为解释变量。分类任务的定义方法与回归类似，例如我们要利用 iris 中的所有数值变量来预测物种，可以这样实现：

```
task_iris = TaskClassif$new(id = "iris",backend = iris,target = "Species")
```

定义任务之后，我们可以采用一定的方法来访问这个任务中的多个信息。例如我们想要获得 task_iris 这个任务中数据集的行列数量，可以这样操作：

```
# 行数
task_iris$nrow
## [1] 150
# 列数
task_iris$ncol
## [1] 5
```

如果获得解释变量的列名称，可以观察 feature_names 参数：

```
task_iris$feature_names
## [1] "Petal.Length" "Petal.Width"  "Sepal.Length" "Sepal.Width"
```

要获得响应变量的列名称，则可以调用 target_names 参数：

```
task_iris$target_names
## [1] "Species"
```

如果要取出整份数据，则可以利用 data 方法：

```
task_iris$data()
##        Species Petal.Length Petal.Width Sepal.Length Sepal.Width
##         <fctr>        <num>       <num>        <num>       <num>
##   1:    setosa          1.4         0.2          5.1         3.5
##   2:    setosa          1.4         0.2          4.9         3.0
##   3:    setosa          1.3         0.2          4.7         3.2
##   4:    setosa          1.5         0.2          4.6         3.1
##   5:    setosa          1.4         0.2          5.0         3.6
##  ---
## 146: virginica          5.2         2.3          6.7         3.0
## 147: virginica          5.0         1.9          6.3         2.5
## 148: virginica          5.2         2.0          6.5         3.0
## 149: virginica          5.4         2.3          6.2         3.4
## 150: virginica          5.1         1.8          5.9         3.0
```

返回的是一个 data.table 格式的数据框。有时候数据非常大，我们可能不需要直接观察整个数据。如果要观察前 5 列，这时候可以直接调用 head 方法：

```
task_iris$head(5)
##    Species Petal.Length Petal.Width Sepal.Length Sepal.Width
##     <fctr>        <num>       <num>        <num>       <num>
## 1:  setosa          1.4         0.2          5.1         3.5
## 2:  setosa          1.4         0.2          4.9         3.0
## 3:  setosa          1.3         0.2          4.7         3.2
## 4:  setosa          1.5         0.2          4.6         3.1
## 5:  setosa          1.4         0.2          5.0         3.6
```

此外，利用 filter 和 select 方法可以直接对行列取子集：

```
# 按名称取特征中 2 列
task_iris$select(c("Sepal.Width", "Sepal.Length"))
# 取 1 ~ 3 行
```

```
task_iris$filter(1:3)
```

需要注意的是，这样取了之后，任务中的数据就发生了变化。一般不建议利用这些函数，而是在预处理数据时把数据直接整理好，然后直接一步定义好任务。

9.2.3　学习器选择

mlr3 包提供了 `Learner` 对象来对学习器进行选择，一般会针对之前的任务对象来选择学习器。为了减少依赖，mlr3 包只提供了较少的方法，而更多的模型则需要调用 mlr3learners 包中的工具。我们在加载 mlr3verse 的时候已经加载了所有的工具，因此可以利用所有常用的模型。可以利用 `lrn` 函数来查看能够调用的模型：

```
lrn()
## <DictionaryLearner> with 46 stored values
## Keys: classif.cv_glmnet, classif.debug, classif.featureless, classif.glmnet,
##   classif.kknn, classif.lda, classif.log_reg, classif.multinom, classif.
naive_bayes,
##   classif.nnet, classif.qda, classif.ranger, classif.rpart, classif.svm,
##   classif.xgboost, clust.agnes, clust.ap, clust.cmeans, clust.cobweb,
clust.dbscan,
##   clust.diana, clust.em, clust.fanny, clust.featureless, clust.ff, clust.
hclust,
##   clust.kkmeans, clust.kmeans, clust.MBatchKMeans, clust.mclust, clust.
meanshift,
##   clust.pam, clust.SimpleKMeans, clust.xmeans, regr.cv_glmnet, regr.debug,
##   regr.featureless, regr.glmnet, regr.kknn, regr.km, regr.lm, regr.nnet,
regr.ranger,
##   regr.rpart, regr.svm, regr.xgboost
```

mlr3 包中保存了这些模型的参数说明，包括它们隶属于哪个 R 语言包、特征的数据类型范围、可以解决的任务类型（二分类、多分类、是否能够容忍缺失值等）以及相应变量返回的形式（概率值、响应变量本身等），我们可以通过调用特定的函数来对这些信息进行查询。例如，代号为 `classif.rpart` 的模型是 CART 决策树，我们可以用 `lrn` 函数指定该方法，然后单独调取进行观察：

```
learner = lrn("classif.rpart")
learner
## Learner classif.rpart from package
## Type:
## Name: ; Short name:
## Class: LearnerClassifRpart
## Properties: importance,missings,multiclass,selected_features,twoclass,weights
## Predict-Type:
## Hyperparameters:
```

上面的结果中显示了这个模型的一些信息，如所属 R 语言包（package）、预测类型（predict type）、特征数据类型（feature type）等。如果想要知道有哪些超参数可以进行调节，可以观察这个对象中的 param_set 参数：

```
learner$param_set
## [1] "Empty parameter set."
```

在结果中，我们可以看到参数的代号、数据类型（ParamInt 代表整数型、ParamDbl 代表浮点型、ParamLgl 代表逻辑型）。lower 和 upper 列中保存了这个参数取值的下界和上界，default 列则显示其默认值。如果要修改默认值，则可以利用列表形式来给 values 参数赋值。例如，我们想让 cp 参数等于 0.01，而 xval 参数等于 0，可以这样操作：

```
learner$param_set$values = list(cp = 0.01, xval = 0)
learner
## Learner classif.rpart from package
## Type:
## Name: ; Short name:
## Class: LearnerClassifRpart
## Properties: importance,missings,multiclass,selected_features,twoclass,weights
## Predict-Type:
## Hyperparameters:
```

这种方法先对默认的学习器进行了修饰，然后再使用。实际上，我们可以直接利用 lrn 函数来对学习器进行定义，这样往往更为方便。定义方法如下：

```
learner2 = lrn("classif.rpart",cp = 0.01,xval= 0)
learner2
## Learner classif.rpart from package
## Type:
## Name: ; Short name:
## Class: LearnerClassifRpart
## Properties: importance,missings,multiclass,selected_features,twoclass,weights
## Predict-Type:
## Hyperparameters:
```

lrn 函数中还包含 id 参数，该参数可以让用户给自定义的模型进行命名，这样做有助于后续对模型进行比较。

9.2.4 训练与预测

在定义了任务和学习器之后，我们就可以直接对模型进行训练了。训练的时候，通常会预留一部分数据进行测试。在学习器对象中，train 和 predict 方法都有 row_ids 参数，可以告诉计算机要利用哪些行的样本进行训练或测试。下面我们以 iris 数据集为例，尝试用 CART 模型来对物种进行分类：

```
# 定义任务
task = TaskClassif$new(id = "iris",backend = iris,target = "Species")
# 定义学习器
learner = lrn("classif.rpart")
```

在训练中，应该让训练集和测试集都包含 3 种物种，而且比例应该大体一致，因此应该采用分层抽样的方法进行训练集和测试集的划分。我们利用 70%的数据作为训练集，而剩余的 30%数据作为测试集：

```
set.seed(2020)

# 生成训练集行号
lapply(list(1:50,51:100,101:150),function(x) sample(x,50*.7)) %>%
  Reduce(c,.) -> train_id
# 生成测试集行号
test_id = setdiff(1:150,train_id)
```

然后，我们就可以在 learner 中开始对数据进行训练：

```
learner$train(task, row_ids = train_id)
```

这一步训练不会直接输出结果。如果想要观察模型，可以调用其中的 model 参数进行查看：

```
learner$model
## n= 105
##
## node), split, n, loss, yval, (yprob)
##       * denotes terminal node
##
## 1) root 105 70 setosa (0.33333333 0.33333333 0.33333333)
##   2) Petal.Length< 2.35 35  0 setosa (1.00000000 0.00000000 0.00000000) *
##   3) Petal.Length>=2.35 70 35 versicolor (0.00000000 0.50000000 0.50000000)
##     6) Petal.Width< 1.7 37  2 versicolor (0.00000000 0.94594595 0.05405405) *
##     7) Petal.Width>=1.7 33  0 virginica (0.00000000 0.00000000 1.00000000) *
```

如果想要观察这个模型运用在测试集上的效果，可以调用 predict 方法：

```
prediction = learner$predict(task, row_ids = test_id)
```

在结果中，我们可以看到测试集的真实值和预测值。有时，我们希望结果返回的是一个概率值，而不是直接给出分类结果。这时，我们就需要对学习器的 predict_type 参数进行修饰，然后再进行训练：

```
# 指定预测返回概率值
learner$predict_type = "prob"

# 重新训练模型
learner$train(task, row_ids = train_id)

# 重新进行模型预测
prediction = learner$predict(task, row_ids = test_id)
```

我们可以看到，这一结果包含了每一个样本属于某一个类别的概率值。最后，我们还可以对模型进行评估。评估的时候，我们会利用测试集的数据进行计算。评估方法有很多种，第 8 章中已经进行了介绍。例如我们利用分类的准确率来衡量模型（代号为 classif.acc），那么可以利用 msr 函数进行编码：

```
measure = msr("classif.acc")
prediction$score(measure)
## classif.acc
##   0.9111111
```

从结果得知，模型的准确率为 91.1%，决策树对于 iris 数据集的分类问题具有较好的效果。在这个基础上，我们还可以利用第 7 章介绍的重采样技术对模型进行评估，可以使用 rsmp 函数对重采样技术进行定义，然后用 resample 函数来执行。例如我们对上面完成的任务利用 3 折交叉验证：

```
# 设置 3 折交叉验证
resampling = rsmp("cv",folds = 3)
# 根据重采样方法进行训练
rr = resample(task,learner,resampling,store_models = TRUE)
## INFO  [16:53:46.583] [mlr3] Applying learner 'classif.rpart' on task 'iris'
(iter 1/3)
## INFO  [16:53:46.600] [mlr3] Applying learner 'classif.rpart' on task 'iris'
(iter 2/3)
## INFO  [16:53:46.616] [mlr3] Applying learner 'classif.rpart' on task 'iris'
(iter 3/3)
## 查看训练结果
rr$aggregate(msr("classif.acc"))
## classif.acc
##   0.9333333
```

除了交叉验证（cv）之外，mlr3 框架还支持留一交叉验证（loo）、重复交叉验证（repeated_

cv)、自举法(bootstrap)、训练集/验证集划分(holdout)、多次训练集/验证集划分(subsampling)等。以上就是mlr3包机器学习框架的基本工作流程，下面将会利用这套工具来完成机器学习的模型选择。

9.3 基于mlr3的模型筛选

要进行模型选择，首先要利用控制变量法来保证其他条件都一致，即模型以外的所有因素都应该保持一致，包括任务、重采样方法等。这里，我们会直接使用mlr3包提供的内置任务iris，它与我们在9.2节中利用iris数据集自定义的任务是一致的，即使用所有数据变量来判断鸢尾花的种类。可以利用tsk函数进行调用：

```
tsk("iris")
##
##
##
## Features:
## NULL
```

在模型筛选过程中需要使用重采样方法，这里会使用简单的训练集/测试集划分(holdout)，然后比较CART树(classif.rpart)和基线方法(classif.featureless)。这里对基线方法做一个简单的介绍，它不依赖特征，只依赖响应变量。在回归问题中，它会直接利用响应变量的均值作为每个样本的预测；在分类问题中，它会利用类别的众数(即取多数类)作为每个样本的预测。这种方法简单，可以提供一种类似于“盲猜”的基线方法(baseline)，为衡量其他模型的表现提供了很好的参照。下面，我们利用benchmark_grid函数来定义这个模型筛选架构：

```
design = benchmark_grid(
  tasks = tsk("iris"),
  learners = list(lrn("classif.rpart"), lrn("classif.featureless")),
  resamplings = rsmp("holdout")
)
design
##      task             learner resampling
##    <list>              <list>     <list>
## 1:   iris       classif.rpart    holdout
## 2:   iris classif.featureless    holdout
```

定义完成后，我们可以使用benchmark函数来比较模型，然后确定衡量标准(msr)，来看最后的训练结果：

```
# 执行比较
bmr = benchmark(design)
## INFO  [16:53:46.717] [mlr3] Running benchmark with 2 resampling iterations
## INFO  [16:53:46.722] [mlr3] Applying learner 'classif.rpart' on task 'iris'
(iter 1/1)
## INFO  [16:53:46.737] [mlr3] Applying learner 'classif.featureless' on task
'iris' (iter 1/1)
## INFO  [16:53:46.745] [mlr3] Finished benchmark
# 以精确率作为衡量标准
measure = msr("classif.acc")
# 查看汇总结果
bmr$aggregate(measure)
##       nr task_id          learner_id resampling_id iters classif.acc
##    <int>  <char>              <char>        <char> <int>       <num>
## 1:     1    iris       classif.rpart       holdout     1        1.00
## 2:     2    iris classif.featureless       holdout     1        0.26
## Hidden columns: resample_result
```

从结果中我们可以看到，标志为 `classif.rpart` 的模型要比标志为 `classif.featureless` 的模型表现好（准确率 `classif.acc` 更高），因此可以认为 CART 模型要比基线模型好。同时，还可以使用 `autoplot` 函数来对结果进行可视化。在分类问题中，它会返回一个箱线图来比较不同模型的表现，如图 9-2 所示，默认采用的指标是分类错误率（`classif.ce`）：

```
autoplot(bmr)
```

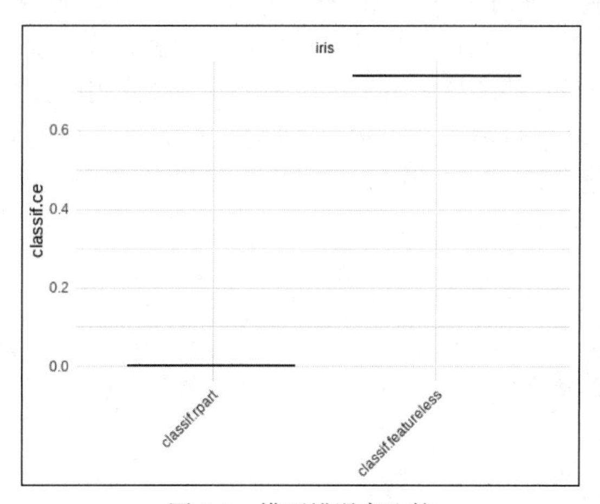

图 9-2 模型错误率比较

由于重采样方法只有一次迭代，因此每一个模型的结果只有一个样本。如果进行有多次迭代的重采样，那么箱线图的可视化效果会更加有意义。

第 10 章　参数调节

在第 9 章中，我们介绍了如何选择模型。尽管如此，在同一个模型中，往往有很多超参数可以进行调整，找到合适的参数组合可以进一步提升模型的表现。在实践中，我们往往需要先选定超参数，然后在建模后评价其效果。一种方法是设置参数网格，也就是人为地设定一组超参数组合，然后通过一一尝试，筛选出效果最佳的模型。也可以先指定搜索空间，然后在选定的空间内随机或均匀抽取参数的组合进行尝试。此外，还可以设定搜索停止条件，例如在尝试了 100 次之后停止尝试，或者尝试了 1 小时之后停止尝试，这些都是典型的参数调节策略。这里，我们将会依托 mlr3 的框架，来对最基本的参数调节方法进行说明和演示。

10.1　指定终止搜索条件

当模型的超参数的取值是多个甚至无限个（连续变量的情况）时，我们可以尝试的超参数（组合）往往是有限的。在这种情况下，我们只能尝试在有限的时间内找到相对的最优模型。如何来限制运行时间呢？一种方法是设定好迭代的次数，也就是在一定的参数搜索空间范围内尝试有限次数，然后把其中最好的结果挑出来。这里，我们会使用内置的任务 `pima` 来进行参数调节的演示。这是一个二分类问题，`diabetes` 变量为响应变量（只有 `pos` 和 `neg` 两种结果），其余则是数值型的解释变量：

```
library(pacman)
p_load(mlr3verse,data.table)

task = tsk("pima")
task
##
##
##
## Features:
## NULL
```

在这个任务中，我们将会使用 rpart 包来实现 CART 算法，我们先来看看这个算法中有哪些参数可以调节：

```
learner = lrn("classif.rpart")
learner$param_set
## [1] "Empty parameter set."
```

这里，我们会尝试调节复杂度 cp 和终止标准 minsplit 两个参数。首先，我们需要锁定搜索的范围，这可以使用 ps 函数进行设置。这里，我们把 cp 的范围设置在 0.001 到 0.1 之间的浮点数（利用 p_dbl 函数进行划定），把 minsplit 设置在 1 到 10 之间的整数（利用 p_int 函数进行划定）：

```
tune_ps = ps(
  cp = p_dbl(lower = 0.001, upper = 0.1),
  minsplit = p_int(lower = 1, upper = 10)
)
tune_ps
## [1] "Empty parameter set."
```

同时，我们需要对重采样方法和模型衡量标准进行设置。我们会用简单的训练集/预测集划分来做重抽样，然后利用分类错误率来做模型衡量标准（错误率越小，模型越好）：

```
hout = rsmp("holdout") # 定义重抽样方法
measure = msr("classif.ce") # 定义模型衡量标准
```

现在，我们需要设定终止条件。这里我们把运行次数作为终止的判断标准，例如我们希望模型迭代 20 次就停止训练，可以使用 trm 函数来进行定义：

```
evals20 = trm("evals", n_evals = 20) # 定义终止条件，迭代 20 次后终止

instance = TuningInstanceSingleCrit$new(
  task = task,  # 设定训练任务
  learner = learner, # 设定使用模型
  resampling = hout, # 设定重采样方法
  measure = measure, # 设定评价标准
  search_space = tune_ps, # 设定搜索空间
  terminator = evals20 # 设定终止条件
)

instance
## <TuningInstanceSingleCrit>
## * State:  Not optimized
## * Objective: <ObjectiveTuning:classif.rpart_on_pima>
## * Search Space:
```

```
##          id    class lower upper nlevels
##      <char>   <char> <num> <num>   <num>
## 1:       cp ParamDbl 0.001   0.1     Inf
## 2: minsplit ParamInt 1.000  10.0      10
## * Terminator: <TerminatorEvals>
```

这里，我们已经对搜索的大部分设定进行了设置。但是搜索依旧有很多选择，例如随机选择参数组合进行迭代、根据指定的参数组合进行计算，或者在搜索范围内设置网格等。下面我们将一一进行演示。

10.2　设置指定参数组合

在调参中，最简单的就是设定几个参数点，然后逐个去测试，以比较这几个参数点哪个更佳。在 mlr3 的框架下，我们可以把 tnr 函数的参数设置为 design_points 来进行设定。首先，我们要构造一个数据框，它是我们想要尝试的参数组合。这需要结合 data.table 包的 CJ 函数来构建所有参数组合的数据框。例如，我们想要尝试所有 cp 等于 0.1 和 0.01 而 minsplit 为 1、5、10 的情况，那么可以这样设置网格数据框：

```
design = CJ(cp = c(0.1, 0.01),minsplit = c(1,5,10))
design
## Key: <cp, minsplit>
##       cp minsplit
##    <num>    <num>
## 1:  0.01        1
## 2:  0.01        5
## 3:  0.01       10
## 4:  0.10        1
## 5:  0.10        5
## 6:  0.10       10
```

需要注意的是，其他没有设置的参数，会直接取用模型中对该参数的默认值进行计算。现在，网格数据框就保存在 design 对象中。我们需要利用 tnr 函数进行设置和优化：

```
tt = tnr("design_points", design = design)
tt$optimize(instance)
```

现在，结果就保存在 instance 对象的 result 中。result 保存的是最优的模型结果，而 archive 中则保存着所有组合的结果：

```
instance$result
##       cp minsplit learner_param_vals  x_domain classif.ce
```

```
##      <num>    <num>              <list>    <list>      <num>
## 1:  0.01        1           <list[3]> <list[2]>  0.2382812
instance$archive
## <ArchiveTuning> with 6 evaluations
##         cp minsplit classif.ce batch_nr warnings errors
##      <num>    <num>      <num>    <int>    <int>  <int>
## 1:  0.01        1       0.24        1        0      0
## 2:  0.01        5       0.24        2        0      0
## 3:  0.01       10       0.24        3        0      0
## 4:  0.10        1       0.29        4        0      0
## 5:  0.10        5       0.29        5        0      0
## 6:  0.10       10       0.29        6        0      0
```

10.3 范围内网格搜索

在网格内搜索的含义就是，把每一个需要调试的参数根据其取值范围平均划分成多个区间，然后进行地毯式搜索。这里，我们仅需要把 tnr 的参数更改为 grid_search 即可，不过还需要额外设置网格的密度（利用 resolution 参数）。例如，我们把 resolution 设置为 3，那么就会返回 3×3=9 个结果，其中网格的设置会根据其搜索空间进行设定，例如 cp 就会设定为 0.001、0.0505 和 0.100，而 minsplit 则被设置为 1、5、10。下面我们来做一个演示：

```
# 对新的调参设置对象进行初始化
instance = TuningInstanceSingleCrit$new(
  task = task,
  learner = learner,
  resampling = hout,
  measure = measure,
  search_space = tune_ps,
  terminator = evals20
)

turner = tnr("grid_search", resolution = 3)
turner$optimize(instance)
instance$result
##         cp minsplit learner_param_vals  x_domain classif.ce
##      <num>    <int>              <list>    <list>      <num>
## 1:    0.1       10           <list[3]> <list[2]>  0.2539062
instance$archive
## <ArchiveTuning> with 9 evaluations
##         cp minsplit classif.ce batch_nr warnings errors
```

```
##     <num>    <int>       <num>     <int>     <int>  <int>
## 1: 0.100       10        0.25         1         0      0
## 2: 0.050        1        0.25         2         0      0
## 3: 0.100        5        0.25         3         0      0
## 4: 0.050       10        0.25         4         0      0
## 5: 0.050        5        0.25         5         0      0
## 6: 0.001       10        0.29         6         0      0
## 7: 0.001        5        0.32         7         0      0
## 8: 0.100        1        0.25         8         0      0
## 9: 0.001        1        0.30         9         0      0
```

我们在 terminator 参数中约束了迭代次数，为 20 次。如果网格的参数组合数量超过了 20，那么也只会尝试网格中的 20 个组合。

10.4　范围内随机搜索

随机搜索，顾名思义，就是在搜索空间内进行随机的尝试，这样需要把原来 tnr 函数的参数设置为 random_search。例如，我们想随机尝试 5 个参数组合，那么我们需要把终止的条件更改为迭代 5 次：

```
# 迭代次数更改为5
evals5 = trm("evals", n_evals = 5)

# 对新的调参设置对象进行初始化
instance = TuningInstanceSingleCrit$new(
  task = task,
  learner = learner,
  resampling = hout,
  measure = measure,
  search_space = tune_ps,
  terminator = evals5
)

turner = tnr("random_search")
turner$optimize(instance)
instance$result
##            cp minsplit learner_param_vals  x_domain classif.ce
##         <num>    <int>             <list>    <list>      <num>
## 1: 0.03512341       10          <list[3]> <list[2]>  0.2421875
instance$archive
## <ArchiveTuning> with 5 evaluations
```

```
##          cp minsplit classif.ce batch_nr warnings errors
##       <num>    <int>      <num>    <int>    <int>  <int>
## 1: 0.0351       10       0.24        1        0      0
## 2: 0.0675        3       0.25        2        0      0
## 3: 0.0071       10       0.25        3        0      0
## 4: 0.0721        3       0.25        4        0      0
## 5: 0.0240        6       0.25        5        0      0
```

在上面的例子中，我们利用迭代次数作为训练的终止条件。实际上，我们也可以利用运行时间作为终止条件。举个例子来说，如果我们想让模型运行到 2222 年的 1 月 1 日零点，然后停止训练，那么可以这样设置终止条件：

```
stop_time = as.POSIXct("2222-01-01 00:00:00")
term_time = trm("clock_time", stop_time = stop_time)
term_time
## <TerminatorClockTime>: Clock Time
## * Parameters: stop_time=<POSIXct>
```

设置完毕后，可以把 `term_time` 变量放入 `TuningInstanceSingleCrit$new` 的 `terminator` 参数中，从而设置模型训练终止时间。

第 11 章　模型分析

在第 8 章中，我们讨论了如何衡量一个模型的表现。在筛选出最佳模型并进行调参之后，我们能够确定的是获得的模型具有比较好的效果。但是，很多表现较好的模型的可解释性较差。例如在支持向量机和神经网络模型中，纳入的变量非常多，在模型中这些变量之间的关系错综复杂，因此很难对模型背后的作用机制进行更深入的分析。对于预测性的机器学习任务而言，这是可以接受的。因为我们只需要对未来的输出做出正确的判断就能够获得效益。但是对于解释性的机器学习任务来说，这就远远不够了。特别是在科学研究中，往往不能满足于“知其然”，还需要“知其所以然”。建模是对实际情况的逼近，如果逼近成功，我们就需要知道为什么成功。因此，在知道模型是有效的时候，我们往往需要知道哪一些特征起到了重要的作用，而且需要知道它们是怎么起作用的。当某些特征增大的时候，响应变量究竟是会变大还是变小，或者是先增加后减小。在本章中，我们会对解释性模型分析进行介绍，并利用相关的 R 语言工具进行实践。

11.1　变量重要性评估

对模型变量重要性的评估，有助于我们进一步理解这个模型。首先，知道哪些特征是相对重要的和哪些特征是相对不重要的，可以帮助我们简化模型，实际上它可以作为变量筛选的重要依据。其次，这个方法能够让我们结合背景知识来理解模型的合理性，从而更好地对真实情况进行模拟，然后讲出一个合乎逻辑的故事。此外，知道哪些变量是关键因子，我们就可以侧重探讨这些变量与其他变量的相互作用，从而对模型进行进一步探索。最后，如果我们发现了一些不起眼的解释变量对响应变量起到了作用，我们可能就发现了新的知识，这可以让我们对情况产生新的认识。在变量重要性的评估中，我们可以采取很多方法。从大类而言，可以分为模型相关的方法和模型不相关的方法。模型相关的方法需要依赖于特定模型，例如在线性回归中，如果数据已经进行了 z 中心化，那么其解释变量的回归系数就可以作为变量相关性的一个度量；再例如在随机森林中，可以根据袋外样本的精度或基尼不纯度指标来评价一个变量的重要性。这些方法只能应用于特定的模型，而无法推广到更多模型中，因此我们称之为模型相关方法。另一种变量重要性评估方法则不依赖模型，它基于一些朴素且实用的思想：如果一个变量是重要的，那么如果我们移除它的效应，就会对模型的表现产生重大的影响；相反，如果它不重要，那么移除这个变量就不会对模型表现有太大的影响（其中移除效应的方法并不是直接将其剔除，而是对变量进行混洗）。因为不需要依赖模型，因此我们可以利用这种方法来进行跨模型比较。也就是说，我们可以看到在表现不同的模型中，哪些变量比较重要。有的模型可能认为其中的一些特征起到主导作用，而另一些模型则认为多个特征共同起到作用，这些结论对于理解模型是非常有用的。由于模型相关的方法普适性较低，因此我们着重介绍模型不相关的方法，它可以被用在任意模型上。这里，我们会利用 DALEX 包来实现这种方法。我们会使用 DALEX 包自带的数据集 titanic_imputed 来进行演示，它是泰坦尼克号乘客和船员的信息表，解释变量包括性别、年龄、船舱类型等，响应变量为是否存活（survived）。我们先对这个数据集进行审视：

```
library(pacman)
p_load(DALEX,ranger)
head(titanic_imputed)
##   gender age class    embarked  fare sibsp parch survived
## 1   male  42   3rd Southampton  7.11     0     0        0
## 2   male  13   3rd Southampton 20.05     0     2        0
## 3   male  16   3rd Southampton 20.05     1     1        0
## 4 female  39   3rd Southampton 20.05     1     1        1
## 5 female  16   3rd Southampton  7.13     0     0        1
## 6   male  25   3rd Southampton  7.13     0     0        1
```

在 p_load 函数中，我们还加载了 ranger 包，因为我们后续希望对这份数据进行随机森林建模。下面，我们先利用默认参数来建立一个简单的随机森林模型：

```
model_titanic_rf <- ranger(survived ~ .,  data = titanic_imputed,
                           classification = TRUE)
```

在上面 ranger 函数的表示中，我们利用了 survived ~ .的表达方法，这意味着我们要把 survived 列作为响应变量，其余特征全部作为解释变量。此外，我们把参数 classification 设置为 TRUE，这说明我们要构建一个分类树。如果响应变量 survived 为因子变量，range 函数会自动选择构建分类树，其他情况下则会自动选择构建回归树。其后，我们需要构建一个模型解释器，方法如下：

```
explain_titanic_rf <- explain(model_titanic_rf,
                              data = titanic_imputed,
                              y = titanic_imputed$survived,
                              label = "Random Forest",colorize = F)
## Preparation of a new explainer is initiated
##   -> model label       :  Random Forest
##   -> data              :  2207  rows  8  cols
```

```
## -> target variable : 2207 values
## -> predict function : yhat.ranger will be used ( default )
## -> predicted values : No value for predict function target column.
( default )
## -> model_info : package ranger , ver. 0.15.1 , task classification
( default )
## -> predicted values : numerical, min = 0 , mean = 0.2134119 , max = 1
## -> residual function : difference between y and yhat ( default )
## -> residuals : numerical, min = -1 , mean = 0.1087449 , max = 1
## A new explainer has been created!
```

解释器构建完毕后，可以直接使用 model_parts 函数来获取变量重要性的信息，并展示：

```
vi_rf <- model_parts(explain_titanic_rf) # 这一步可能比较耗时
vi_rf
##        variable mean_dropout_loss         label
## 1  _full_model_         0.2176660 Random Forest
## 2      survived         0.2178278 Random Forest
## 3         sibsp         0.2329347 Random Forest
## 4         parch         0.2345380 Random Forest
## 5      embarked         0.2419193 Random Forest
## 6          fare         0.2623017 Random Forest
## 7           age         0.2803817 Random Forest
## 8         class         0.2913874 Random Forest
## 9        gender         0.4362056 Random Forest
## 10   _baseline_         0.5037843 Random Forest
```

基于上述结果，我们可以知道，性别（gender）的重要性是最高的，其次是乘客的船舱等级（class）。在上面的结果中，mean_dropout_loss 是基于损失函数计算出的一个指标，表示如果去掉了某个变量，它对模型表现影响的程度（这里为二分类问题，因此函数默认选用 1-AUC 作为衡量指标）。这个数值越高，说明变量越重要。我们看到，除了包含的解释变量外，还有 _full_model_ 和 _baseline_，前者表示所有变量效应都考虑进去的模型（全模型），后者表示所有变量都不进行考虑的模型（零模型）。利用 plot 函数可以可视化这个结果：

```
plot(vi_rf)
```

可视化结果如图 11-1 所示。

如果我们想要比较随机森林和回归模型的结果，则只需要补充回归分析，然后在画图的时候合并即可。相关代码如下：

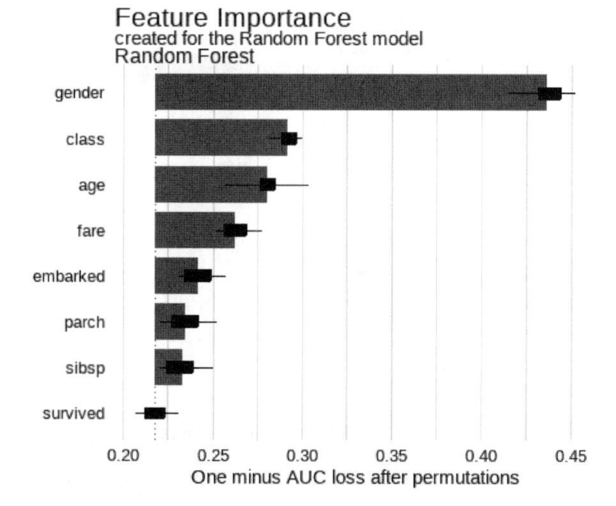

图 11-1　可视化结果

```
model_titanic_lm <- glm(survived ~ .,  data = titanic_imputed)
explain_titanic_lm <- explain(model_titanic_lm,
                    data = titanic_imputed,
                    y = titanic_imputed$survived,
                    label = "Logistic Regression",colorize = F)
## Preparation of a new explainer is initiated
##   -> model label       :  Logistic Regression
##   -> data              :  2207  rows  8  cols
##   -> target variable   :  2207  values
##   -> predict function  :  yhat.glm  will be used (  default  )
##   -> predicted values  :  No value for predict function target column.
(  default  )
##   -> model_info        :  package stats , ver. 4.2.3 , task regression
(  default  )
##   -> predicted values  :  numerical, min =  -0.234433 , mean =  0.3221568 ,
 max =  1.091438
##   -> residual function :  difference between y and yhat (  default  )
##   -> residuals         :  numerical, min =  -1.045905 , mean =  1.291322e
-14 , max =  1.049392
##   A new explainer has been created!
vi_lm <- model_parts(explain_titanic_lm)
plot(vi_rf,vi_lm)
```

代码运行比较结果如图 11-2 所示。

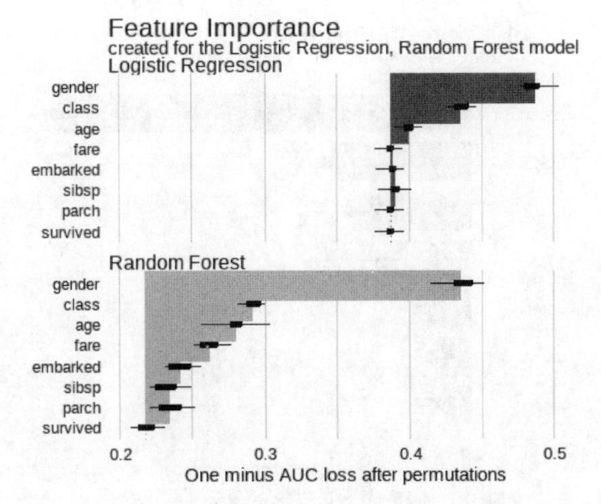

图 11-2 随机森林和回归模型的比较结果

在结果中我们可以看到，两个模型中不同变量重要性的相对排名是一致的。

11.2 变量影响作用分析

在相关性分析中，我们往往会提到当 X 变化的时候，Y 是怎么变化的。例如，当降水量增大的时候，气温会下降。这种形式的描述可解释性非常强，可以直接给我们直观的感受。但是模型往往是非线性的，例如植物的生长会随着光照强度的提高而提高，但是光照强到一定程度的时候就会形成抑制作用，这就是一个典型的非线性例子。在一些复杂的模型中，这样的关系往往会更加复杂。在解释一个模型的时候，我们希望能够得到这种结论，即当解释变量 X 升高的时候，响应变量 Y 究竟是如何变化的。

对于单个样本而言，可以使用 CP 剖析法（ceteris-paribus profile）来研究单个变量对个体造成的影响。方法非常简单，就是依赖已经建立的模型描画一条曲线，曲线的横轴为我们想要探知的单个解释变量，而纵轴则为响应变量。要探知的解释变量取值为该解释变量的整个连续空间，其他解释变量的取值范围则固定为样本自身的基本数值。举例而言，例如我们利用性别（S）、身高（H）和体脂率（F）作为解释变量，体重（W）作为响应变量，建立一个模型（M），而建模所依赖的样本中的身高范围是 150cm～190cm。现在假定小明为男性、身高为 170cm、体脂率为 16%、体重为 60kg。那么，如果我们想要知道身高对体重的影响，我们会依赖已经建好的模型 M，设定模型中性别为男、体脂率为 16%，然后身高的取值为 150cm～190cm，来观察模型的预测值分别是多少，从而探索这个模型在指定参数时体重会如何随着身高的变化而变化。

在 R 语言中，ceterisParibus 包可以实现 CP 剖析法。下面我们会参考官方文档对这个方法进行演示。我们会利用 DALEX 自带数据集 apartments 来进行建模，它包含着房屋价格（每平方米的价格）和房屋条件（如房间数量、地段、楼层等）的信息。首先，我们会构建一个随机森林模型：

```
library(pacman)
p_load(DALEX,randomForest,ceterisParibus)
set.seed(2020)

# 设置可视化的参数，让字体大小等于18，并统一主题为theme_bw
theme_set(theme_bw() + theme(text = element_text(size = 18)))

# 创建随机森林模型
apartments_rf_model <- randomForest(m2.price ~ construction.year + surface + floor +
                                      no.rooms + district,
                                      data = apartments)

# 构建模型解释器
explainer_rf <- explain(apartments_rf_model,  #放入之前构建的模型
                        data = apartmentsTest[,2:6], # 只利用2~6列作为解释变量
                        y = apartmentsTest$m2.price) # 指定响应变量为m2.price
## Preparation of a new explainer is initiated
##   -> model label       :  randomForest  (  default  )
##   -> data              :  9000  rows  5  cols
##   -> target variable   :  9000  values
##   -> predict function  :  yhat.randomForest  will be used (  default  )
##   -> predicted values  :  No value for predict function target column. (  default  )
##   -> model_info        :  package randomForest , ver. 4.7.1.1 , task regression (  default  )
##   -> predicted values  :  numerical, min =  1981.62 , mean =  3507.05 , max =  5818.286
##   -> residual function :  difference between y and yhat (  default  )
##   -> residuals         :  numerical, min =  -750.722 , mean =  4.473727 , max =  1229.905
##   A new explainer has been created!
```

然后，我们取其中一个样本，并探索这个样本的某一解释变量是如何影响响应变量的。例如我们取第 900 个样本进行尝试：

```
# 取第900行的样本
apartments_A <- apartmentsTest[900,]
```

```
apartments_A
##      m2.price construction.year surface floor no.rooms district
## 1900     2519              1969     138     2        6    Praga
# 构建 CP 剖析
cp_rf_A <- ceteris_paribus(explainer_rf, apartments_A, y = apartments_A$m2.price)

# 可视化
plot(cp_rf_A, show_profiles = TRUE,
     show_observations = TRUE,  # 显示样本所在点
     selected_variables = c("surface","construction.year"))# 只探索建筑年份和总面积
```

可视化结果如图 11-3 所示。

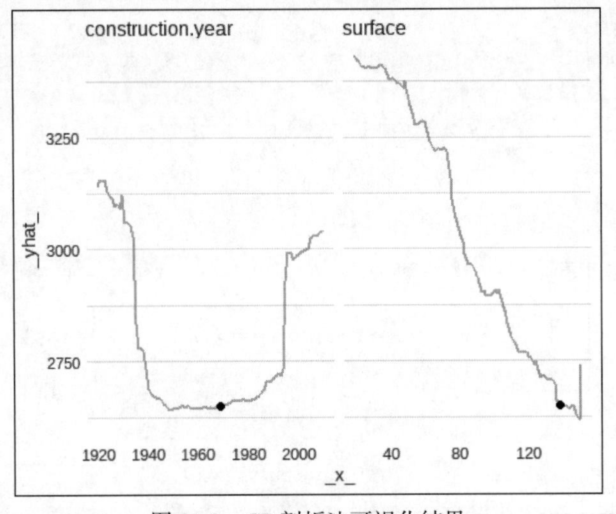

图 11-3　CP 剖析法可视化结果

在展示的结果中，我们可以看到解释变量与响应变量的关系。例如在建筑年份中，年份越早或越晚，价格都会比较高，而处于中层的老房子则价格最低；而房屋面积则与价格呈负相关关系，但面积特别大的户型每平方米的价格会有回升。图 11-3 中的点代表这些样本自身所在位置，该样本是建于 1969 年、占地面积为 138m^2 的房子。

CP 剖析法能够很好地对单个样本的单个解释变量与相应变量之间的关系进行刻画，但是有的时候我们需要关注的不仅仅是单个样本，而是整个群体的关系。这个时候，我们就可以对所有样本进行 CP 剖析，然后取其均值，从而表征其群体的关系。这个方法被称为 PD 剖析法（Partial-dependence Profile，PDP），常被用于多模型比较，因为它可以展示不同模型对不同变量的重视程度。如果一个模型（A）比另一个模型（B）更好，我们就可以观察 A 模型对重要变量是如何刻画的，而 B 模型是否与 A 模型保持一致。如果不一致的话，可能需要对 B 模型中的该变量进行特征修饰，从而让这个变量能够更加反映响应变量的数值变化。这个方法可以通过

DALEX 包实现，我们沿用上面的例子直接在 R 语言中进行实现，代码如下：

```
# 构建 PDP 分析
vr_rf = model_profile(explainer_rf,
                variables = c("surface","construction.year"))

# 可视化
plot(vr_rf$agr_profiles)
```

代码运行结果如图 11-4 所示。

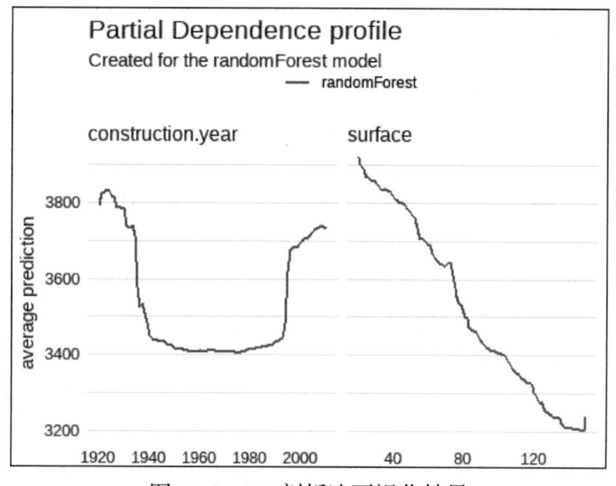

图 11-4　PD 剖析法可视化结果

可以看到，这个趋势与我们在单个样本中构建的关系基本保持一致。PD 剖析法非常直观简便，因此被广泛应用于模型解释。不过这个方法对于存在共线性的数据样本是不合适的，例如住房面积和房间数量就存在正相关关系，即面积越大，囊括的房间数量可能越多。但是 PDP 的分析图会把 10 个房间、40 平方米的情况都刻画出来（例如固定某房子 $40m^2$ 后，会讨论它包含不同房间数量时的房价，但是 $40m^2$ 会导致房子注定不能分割出太多房间数量），这其实是不符合现实情况的。因此在 PD 剖析法的基础上，又延伸出累计局部剖析法（Accumulated-local Profile），在实现上只需要在 `model_profile` 函数中将参数 `type` 设置为 `accmulated` 即可。关于更多原理和使用方面的细节，可参考开源图书 *Explanatory Model Analysis* 中的相关介绍。

11.3　基于个案的可加性归因方法

有时，我们想知道一个个体中的某个特性对于其目标变量究竟起到了促进还是抑制作用，而且想知道这个作用的大小。例如，对于一个特定人员来说，其性别、体重和是否抽烟这些特征，对于心脏病发病的概率是否起到了作用，起到了什么作用，起到了多大的作用。要回答这些问题，就需要利用基于个案的可加性归因方法。分解图（Break-Down Plot，简称 BD 图）可以帮助我们探知这些问题。这个方法首先把所有数据响应变量的均值表示出来，然后一个一个地加入个案的条件（例如性别为男、年龄为 60 等），然后根据这些条件来计算预测值的分布，从而对该变量加入所起到的影响进行量化。最后会加入所有的个案条件，此时对预测值的分布就会收敛到利用所有个案解释变量和构建模型后得到的预测值。在 R 语言中，通过 DALEX 包框架可以实现 BD 图的绘制。我们沿用上面的例子，利用 `predict_parts` 函数对挑选出的个案 `apartments_A` 进行分析，这里的 `type` 参数需要设置为 `break_down`：

```
# BD 图数据构建
bd_rf <- predict_parts(explainer = explainer_rf,
                       new_observation = apartments_A,
                                  type = "break_down")

# 显示结果
bd_rf
##                                             contribution
## randomForest: intercept                         3507.050
## randomForest: district = Praga                  -360.018
## randomForest: surface = 138                     -296.076
## randomForest: no.rooms = 6                      -305.439
## randomForest: floor = 2                          254.130
## randomForest: construction.year = 1969          -149.395
## randomForest: prediction                        2650.252
# 可视化
plot(bd_rf)
```

可视化结果如图 11-5 所示。

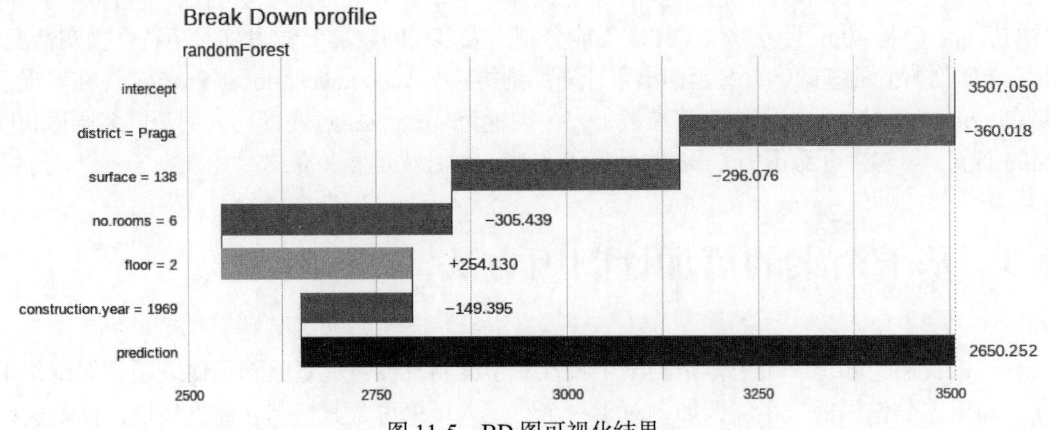

图 11-5　BD 图可视化结果

从上面的结果我们可以发现，对于我们抽取的样本而言，模型认为它的地段、占地面积、房间数量和建筑年份都不利于房价的提升，只有楼层（`floor = 2`，即楼层为第 2 层）是有利于房价提升的（254.130）。其中，地段（`district = Praga`）是最不利于房价上升的（-360.018），其次是房间数量、占地面积，最后是建筑年份。

BD 图的可解释性非常强，容易理解，但是它也存在缺陷。这个方法认为每一个因子都是线性可加的，但是在实际状况下因子之间可能存在交互作用，那么加入条件的顺序就很可能影响 BD 图的结果。同时，如果特征过多的话，BD 图就会非常复杂，而且会囊括很多作用较小的特征。要解决这个问题，可以先计算变量重要性，然后利用 `predict_parts` 函数中的 `order` 参数来对其加入条件的顺序进行限制，以保证重要的变量优先得到考虑。另一种方法就是在数据预处理的时候就解决数据共线性的问题，并在需要的时候设立变量之间的交互项。构建 iBD 图（interaction-Break-Down Plot）也可以解决变量之间的耦合问题，其原理和实现可以参考开源图书 *Explanatory Model Analysis* 中的相关介绍。此外，我们还可以遍历所有的条件组合顺序，然后求其平均来进行计算，这种方法被称为 SHAP（Shapley Additive Explanations）方法。这个方法能够得到比较稳定的结果，但是往往比较耗时，如果数据量较大的时候这种方法可能不太适用。当解释变量有很多的时候，可以使用少部分的变量来提供有价值的信息，LIME（Local Interpretable Model-agnostic Explanation）方法就是基于这样的思想设计的，其核心观点是利用一个简单的白盒模型来逼近黑箱模型。上面所提到的方法都可以利用DALEX包的`predict_parts` 函数实现，只需要改变其中的 `type` 参数即可（SHAP 方法中该参数设置为 `shap`，LIME 方法中该参数设置为 lime）。更多关于解释性模型分析的理论和方法，可以参考 Przemyslaw Biecek 和 Tomasz Burzykowski 合著的开源图书 *Explanatory Model Analysis*。

第 12 章　集成学习

集成学习（ensemble learning）是一种利用多个弱学习器的结果进行合理汇总，从而形成一个新的强学习器的过程。这是一种机器学习的策略，在实践中被证实具有非常好的效果。本章将会对集成学习的概念进行解析，然后对 R 中实现集成学习的方法进行介绍。

12.1　集成学习的三种策略

集成学习需要汇总多个个体学习器的结果，然后获得一个新的结果。而如何综合这些结果，我们可以运用不同的策略。本节将会展开介绍集成学习中常见的三种策略（装袋法、提升法和堆叠法），让读者对其中的基本概念和思想进行了解。

12.1.1　装袋法简介

装袋法（bagging）的本质是有放回的随机抽样。也就是每一次学习的过程都会从总体中抽取部分样本进行训练，而不同的迭代过程可能会抽到相同的样本。我们在第 9 章中提到的随机森林方法，就是典型的装袋法。因为它在每一次迭代中都会抽取部分特征来构建决策树，然后综合多个决策树的结果作为最终结果。在不同的迭代中，模型有可能会抽到相同的特征，而这些决策树之间没有关联，这些弱分类器结合在一起形成了一个由决策树构成的庞大森林。尽管每一个决策树的学习能力可能较弱，但是综合起来就非常强大。一般来说，在分类问题中取结果的众数作为最终结果；在回归中取结果的均值作为最终结果。装袋法在每一次迭代中都是独立的，因此非常容易并行化，这样可以提高计算效率。

12.1.2　提升法简介

提升法（Boosting）是在有监督学习中逐步减少模型偏差的机器学习策略。具有代表性的方法包括 AdaBoost（Adaptive Boosting）和 GBDT（Gradient Boost Decision Tree）。AdaBoost 方法会先构建多个学习器，并对其赋予相同的权重。但是在后面的迭代中，给错误分类的样本赋予更高的权重，而正确分类的样本则赋予较少的权重。这种方法就像人在学习的时候，对于熟悉的知识点少放点时间，而对于曾经犯错的地方则有所侧重地投入更多时间。GBDT 方法则是在每一次计算中都以减少上一次迭代的残差为目标来构建新模型的过程，我们在第 9 章中提到的

xgboost 算法就是 GBDT 的一个例子。

12.1.3 堆叠法简介

堆叠法（Stacking）的本质是首先训练不同的模型，得到若干个学习器，然后利用这些学习器的预测结果作为新的训练集再次进行机器学习，从而构造一个新的模型。在实践中，常用广义线性模型（generalized linear model）来对多个模型的结果再进行训练，当然也可以使用其他的模型方法来实现。这种方法可以与之前的策略进行嵌套，例如我们可以利用随机森林的结果作为堆叠法中的一个学习器，然后与其他学习器再综合到一起作为最终结果。

12.2 基于 caret 与 caretEnsemble 框架的集成学习实现

在 R 的开源社区中，很多集成学习方法是高度封装的，也就是不需要经过太多设置就可以直接使用。例如 xgboost 包能够直接实现提升法与决策树结合的集成学习方法，adabag 包则可以利用分类树作为基础模型来实现装袋法和 Adaboost 框架。此外，MTPS 包可以同时叠加多个模型预测结果来实现堆叠策略。因此在通过计算机实现时，R 的用户可以忽略很多内部细节来实现集成学习。在本章中，我们将会使用 caret 包和 caretEnsemble 包对集成学习策略进行实现。caret 是一个通用的机器学习框架，与之前我们介绍的 mlr3 体系不同，是另一套 R 的机器学习系统。但是机器学习框架大同小异，因此用户可以很容易地进行理解和使用。

12.2.1 环境部署

在本次演示中，我们需要安装并加载 caret、caretEnsemble、mlbench 和 tidyfst 4 个软件包。其中 caret 包能够部署机器学习总体框架，caretEnsemble 可以部署集成学习的框架，mlbench 提供了演示的数据集，而 tidyfst 包则会被用作通用数据：

```
library(pacman)
p_load(caret,caretEnsemble,mlbench,tidyfst)
```

12.2.2 数据准备

这里，我们会使用 mlbench 包中的数据集 Ionosphere，这是一份科学研究方面的数据集，我们不会对其背景细节做过多展开。但是我们需要明确的是，在生成的数据中，Class 列为因子变量（响应变量，只有两个类别），其他变量均为数值变量，它们都会作为解释变量来预测响应变量：

```
data(Ionosphere)
dataset <- Ionosphere
dataset <- dataset[,-2]
dataset$V1 <- as.numeric(as.character(dataset$V1))
```

12.2.3　装袋法

在装袋法的演示中，我们会比较装袋的 CART 方法和随机森林方法。两者最大的不同之处在于，随机森林方法会让生成的决策树之间的相关性较小，而原始的装袋 CART 方法可能会生成相互关联的决策树。首先，我们会设置一个 10 折交叉验证：

```
control <- trainControl(method="cv", number=10)
```

然后我们会设置模型衡量标准，这里我们选择准确率（Accuracy）：

```
metric <- "Accuracy"
```

现在，我们直接对模型进行训练。我们会利用 caret 包的 train 函数分别训练两个模型。我们还要额外对 method 参数进行设置，其中 treebag 为装袋的 CART 方法，rf 为随机森林方法：

```
set.seed(2020)
# Bagged CART
fit.treebag <- train(Class~., data=dataset, method="treebag", metric=metric,
trControl=control)
# Random Forest
fit.rf <- train(Class~., data=dataset, method="rf", metric=metric, trControl=
control)
```

最后，利用 resamples 函数比较两种方法的效果：

```
bagging_results <- resamples(list(treebag=fit.treebag, rf=fit.rf))
summary(bagging_results) # 结果总结
##
## Call:
## summary.resamples(object = bagging_results)
##
## Models: treebag, rf
## Number of resamples: 10
##
## Accuracy
##              Min.   1st Qu.    Median      Mean   3rd Qu. Max. NA's
## treebag 0.7777778 0.8928571 0.9289216 0.9181606 0.9636555    1    0
## rf      0.8857143 0.9148810 0.9289216 0.9314799 0.9411765    1    0
##
## Kappa
##              Min.   1st Qu.    Median      Mean   3rd Qu. Max. NA's
## treebag 0.5017301 0.7543516 0.8423556 0.8175845 0.9201778    1    0
```

```
## rf       0.7472924 0.8007307 0.8442551 0.8476738 0.8699445    1    0
dotplot(bagging_results) # 可视化
```

可视化比较结果如图 12-1 所示。

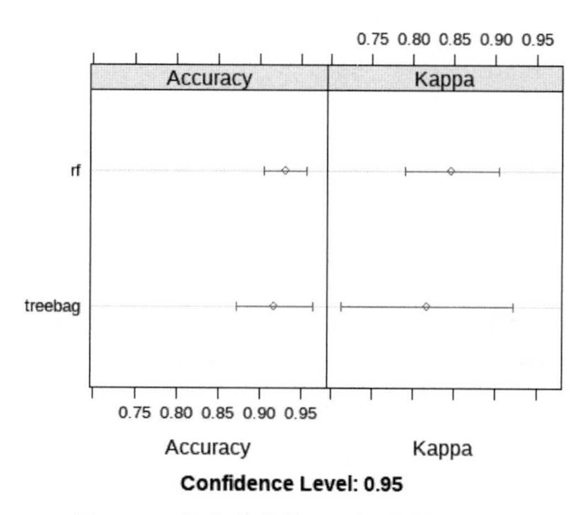

图 12-1　装袋法的模型可视化结果比较

结果显示，随机森林（`rf`）的准确率和 Kappa 值都要比装袋 CART 方法（`treebag`）更高，因此可以认为在这个任务上，随机森林方法比装袋的 CART 方法更好。同时，在可视化结果中我们也可以看到，`rf` 模型的结果往往比 `treebag` 更加稳定（`rf` 的波动范围更小），这意味着随机森林不仅仅精度较高，而且也更为稳健。

12.2.4　提升法

在 caret 包的实现框架中，提升法的代码实现与装袋法的相似，只需要在 `train` 函数中找到相关的助推法的代号即可。在这个任务中，C5.0 算法（代号为“C5.0”）和 GBM 方法（代码为“gbm”）都可以实现提升法框架，下面我们尝试对这两种方法进行比较：

```
set.seed(2020)
# C5.0
fit.c50 <- train(Class~., data=dataset, method="C5.0", metric=metric, trControl=
control)
# Stochastic Gradient Boosting
fit.gbm <- train(Class~., data=dataset, method="gbm", metric=metric, trControl=
control, verbose=FALSE)
# summarize results
boosting_results <- resamples(list(c5.0=fit.c50, gbm=fit.gbm))
summary(boosting_results)
##
## Call:
```

```
## summary.resamples(object = boosting_results)
##
## Models: c5.0, gbm
## Number of resamples: 10
##
## Accuracy
##           Min.   1st Qu.    Median      Mean   3rd Qu. Max. NA's
## c5.0 0.9142857 0.9227941 0.9436508 0.9460177 0.9640523    1    0
## gbm  0.9142857 0.9148810 0.9289216 0.9345845 0.9424370    1    0
##
## Kappa
##           Min.   1st Qu.    Median      Mean   3rd Qu. Max. NA's
## c5.0 0.7976879 0.8279274 0.8754325 0.8795382 0.9220078    1    0
## gbm  0.7976879 0.8107691 0.8470836 0.8536349 0.8717701    1    0
dotplot(boosting_results)
```

可视化比较结果如图 12-2 所示。

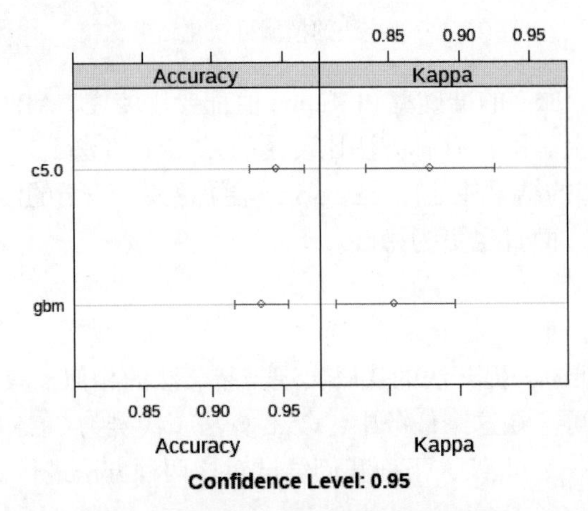

图 12-2　提升法的模型可视化结果比较

在代码运行过程中，如果计算机还没有安装相关的机器学习软件包，那么控制台将自动提示用户尚未安装某一些软件包，并询问用户是否安装。这个时候，只要按入 1 键安装即可。在运行结果中，我们可以看到 C5.0 模型要比 GBM 表现更佳。

12.2.5　堆叠

要利用堆叠法来对多个分类器做堆叠，可以利用 caretEnsemble 包中的 `caretStack` 函数。这里，我们会利用 LDA、CART、GLM、KNN、SVM 这 5 个模型来分别构造分类器，然后再把这些结果综合起来构成一个新的分类器。首先，让我们来观察一下这些分类器单独分类时的效果如何：

```
# 设置 10 折交叉验证，让模型保存最终预测值，并保留分类的概率数值
control <- trainControl(method="cv", number=10,  savePredictions="final",
classProbs=TRUE)
# 给出要测试的模型代号
algorithmList <- c('lda', 'rpart', 'glm', 'knn', 'svmRadial')
# 设置随机种子，让结果具有一定的可重复性
set.seed(2020)
# 利用相同的数据和重采样方法对不同的算法进行测试
models <- caretList(Class~., data=dataset, trControl=control, methodList=
algorithmList)
# 比较测试结果
results <- resamples(models)
summary(results)
##
## Call:
## summary.resamples(object = results)
##
## Models: lda, rpart, glm, knn, svmRadial
## Number of resamples: 10
##
## Accuracy
##                Min.   1st Qu.    Median      Mean   3rd Qu.      Max. NA's
## lda       0.7714286 0.8247899 0.8734127 0.8663119 0.9089286 0.9714286    0
## rpart     0.8000000 0.8581349 0.8823529 0.8744865 0.9071429 0.9166667    0
## glm       0.8285714 0.8357143 0.8888889 0.8889449 0.9338235 0.9714286    0
## knn       0.7500000 0.7844538 0.8448413 0.8407516 0.8795635 0.9428571    0
## svmRadial 0.8285714 0.8952381 0.9710084 0.9462652 1.0000000 1.0000000    0
##
## Kappa
##                Min.   1st Qu.    Median      Mean   3rd Qu.      Max. NA's
## lda       0.4594595 0.5717256 0.7094738 0.6851900 0.7920959 0.9353050    0
## rpart     0.5504587 0.6875376 0.7424242 0.7213634 0.7920988 0.8098592    0
## glm       0.6082090 0.6554630 0.7508651 0.7541562 0.8503785 0.9353050    0
## knn       0.4087591 0.4710256 0.6398709 0.6201482 0.7248791 0.8679245    0
## svmRadial 0.6209386 0.7745262 0.9360980 0.8832042 1.0000000 1.0000000    0
dotplot(results)
```

可视化结果如图 12-3 所示。

运行结果显示了不同模型的分类效果，可以看到分类准确率均在 80%以上，说明这些方法的分类效果都不错。在做集成模型的时候，我们还希望各个分类器之间的相关性越小越好，这样才能够减少冗余信息，获得更好的预测效果。观察一下测试分类器的结果的相关性：

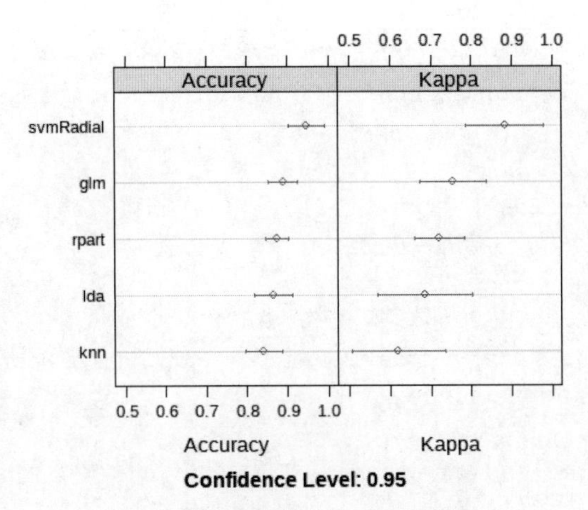

图 12-3 堆叠法的模型表现比较

```
modelCor(results)
##                 lda     rpart       glm       knn svmRadial
## lda       1.0000000 0.3920671 0.5532249 0.8434767 0.4247570
## rpart     0.3920671 1.0000000 0.4245474 0.3164574 0.3742557
## glm       0.5532249 0.4245474 1.0000000 0.6781241 0.3260321
## knn       0.8434767 0.3164574 0.6781241 1.0000000 0.4447010
## svmRadial 0.4247570 0.3742557 0.3260321 0.4447010 1.0000000
```

在这个结果中，我们看到 KNN 方法与 LDA 方法获得的结果的相关性较高，因此只需要保留一个模型即可。我们会保留 KNN 模型，然后重新训练模型，再利用 GLM 模型来汇总所有分类器的结果：

```
# 为集成学习设置重采样方法
stackControl <- trainControl(method="cv", number=10,  savePredictions="final",
classProbs=TRUE)
# 给出要测试的模型代号
algorithmList <- c('rpart', 'glm', 'knn', 'svmRadial')
# 设置随机种子，让结果具有一定的可重复性
set.seed(2020)
# 利用相同的数据和重采样方法，对不同的算法进行测试
models <- caretList(Class~., data=dataset, trControl=control, methodList=
algorithmList)
# 构建集成学习
stack.glm <- caretStack(models, method="glm", metric="Accuracy", trControl=
stackControl)
print(stack.glm)
## A glm ensemble of 4 base models: rpart, glm, knn, svmRadial
##
```

```
## Ensemble results:
## Generalized Linear Model
##
## 351 samples
##   4 predictor
##   2 classes: 'bad', 'good'
##
## No pre-processing
## Resampling: Cross-Validated (10 fold)
## Summary of sample sizes: 316, 317, 315, 315, 316, 316, ...
## Resampling results:
##
##   Accuracy   Kappa
##   0.9429178  0.8742887
```

结果会输出最终的分类准确率和 Kappa 值。因为这些模型充满了随机因素，因此每次获得的结果都会有所不同，但是在大量的测试中会保持一定的稳定性。如果想使用其他方法来综合多个分类器的结果，则可以修改 method 参数。例如我们想用随机森林方法来汇总所有分类器的结果，然后获得一个新的结果，那么可以这样操作：

```
stack.rf <- caretStack(models, method="rf", metric="Accuracy", trControl=
stackControl)
print(stack.rf)
## A rf ensemble of 4 base models: rpart, glm, knn, svmRadial
##
## Ensemble results:
## Random Forest
##
## 351 samples
##   4 predictor
##   2 classes: 'bad', 'good'
##
## No pre-processing
## Resampling: Cross-Validated (10 fold)
## Summary of sample sizes: 316, 315, 316, 315, 316, 316, ...
## Resampling results across tuning parameters:
##
##   mtry  Accuracy   Kappa
##   2     0.9433287  0.8763322
##   3     0.9433287  0.8763322
##   4     0.9376937  0.8643925
##
## Accuracy was used to select the optimal model using the largest value.
```

```
## The final value used for the model was mtry = 2.
```

在模型中函数还会自动尝试不同的参数来获取最佳的结果。例如在这个例子中，我们就对 `mtry` 参数进行了调试，并发现 `mtry` 为 2 的时候，模型效果最佳。关于 caretEnsemble 包的更多特性，可以参考其官方教程。通过上面的案例，我们可以发现，尽管集成学习的计算非常复杂，但是利用 R 的便捷工具包，用户可以利用非常少的代码来实现集成学习的框架。在做 Stacking 的时候需要注意以下几点：

- 样本量应该足够大；
- 尝试的模型应该足够多，而且模型的准确率应该相近（不应相差太多）；
- 尝试的模型获得的预测结果应该存在较小的相关性（因为获得结果会作为输入用于建模，如果结果之间存在相关性，那么再次训练的时候就会存在共线性问题）。

第 13 章 实践案例一：基于 caret 包对泰坦尼克号乘客存活率进行二分类预测

13.1 工具简介

caret 包是 R 语言中一个广泛使用的机器学习包，用于简化和标准化机器学习工作流程。它提供了统一的界面和函数，用于数据预处理、特征选择、模型选择、模型训练和模型评估等任务。

caret 包的主要功能具体如下。

- 数据预处理：caret 包提供了一系列函数来处理常见的数据预处理任务，如数据清洗、缺失值处理、数据标准化、数据转换等。它使得在机器学习任务中处理数据变得更加简便和一致。
- 特征选择：caret 包包含了多种特征选择算法，用于从大量特征中选择最相关或最重要的特征。这些算法可以减少特征空间的维度，提高模型运行效果和效率。
- 模型训练：caret 包支持许多常见的机器学习算法，包括线性回归、逻辑回归、决策树、随机森林、支持向量机等。它提供了统一的接口，简化了模型训练的过程，可以轻松地对多种模型进行训练和比较。
- 模型评估：caret 包提供了多种模型评估指标和技术，用于评估模型的性能和泛化能力。它支持交叉验证、重抽样、自助法等技术，可以帮助用户选择最佳的模型和参数设置。
- 模型选择：caret 包提供了一些函数和工具，用于自动化地进行模型选择和调优。它可以根据不同的评估指标和策略来比较不同模型的性能，然后选择最合适的模型。

除了上述功能，caret 包还支持并行计算、数据集分割、模型调参等常用机器学习任务。它的设计目标是提供一个统一的接口和工作流程，从而简化机器学习的实验和开发过程，使得用户能够更加高效地进行机器学习任务。对于 caret 包的学习，最好的资料是其作者 Max Kuhn 编写的 *Applied Predictive Modeling* 及其在线上维护的官方文档。

13.2　问题背景

在本章中，我们将会利用 caret 包中的机器学习框架来对泰坦尼克号乘客存活率进行二分类预测。在 1912 年 4 月 15 日，当时世界上体积最大、内部设置豪华的泰坦尼克号因为与冰山相撞，不幸沉入海中。全船包括船员和乘客在内共 2224 人，其中 1517 人丧生。DALEX 包的 titanic 变量保存了这份数据，共 2224 行、9 列，9 个变量分别为性别（gender）、年龄（age）、船舱类型（class）、出航地点（embarked）、国籍（country）、船票价格（fare）、旁系亲属数量（sibsp）、直系亲属数量（parch）以及是否存活（survived）。本章，我们将会以存活与否作为响应变量、其他变量作为解释变量来进行机器学习，从而通过每个人的特征来预测其最终能否存活。

13.3　数据审视

首先，展示数据的前 6 行来对数据有一个基本的认识：

```
library(pacman)
p_load(DALEX,tidyfst,caret,caretEnsemble)
head(titanic)
##   gender age class   embarked        country  fare sibsp parch survived
## 1   male  42   3rd Southampton United States  7.11     0     0       no
## 2   male  13   3rd Southampton United States 20.05     0     2       no
## 3   male  16   3rd Southampton United States 20.05     1     1       no
## 4 female  39   3rd Southampton       England 20.05     1     1      yes
## 5 female  16   3rd Southampton        Norway  7.13     0     0      yes
## 6   male  25   3rd Southampton United States  7.13     0     0      yes
```

利用 skimr 包的 skim 函数来对变量进行进一步的了解：

```
p_load(skimr)
skim(titanic)
```

运行结果如图 13-1 所示。

可以看到，在数据框中，gender、class、embarked、country 和 survived 这 5 个变量为因子变量，age、fare、sibsp 和 parch 这 4 个变量为数值变量，而且这些变量中存在缺失值。例如，country 变量有 81 个缺失值，fare 变量存在 26 个缺失值，sibsp 和 parch 各存在 10 个缺失值，age 变量存在 2 个缺失值。

```
── Data Summary ────────────────────────
                           Values
Name                       titanic
Number of rows             2207
Number of columns          9
_______________________
Column type frequency:
  factor                   5
  numeric                  4
________________________
Group variables            None

── Variable type: factor ──────────────────────────────────────────────
  skim_variable n_missing complete_rate ordered n_unique top_counts
1 gender                0             1 FALSE          2 mal: 1718, fem: 489
2 class                 0             1 FALSE          7 3rd: 709, vic: 431, 1st: 324, eng:
3 embarked              0             1 FALSE          4 Sou: 1616, Che: 271, Bel: 197, Que
4 country              81         0.963 FALSE         48 Eng: 1125, Uni: 264, Ire: 137, Swe
5 survived              0             1 FALSE          2 no: 1496, yes: 711

── Variable type: numeric ─────────────────────────────────────────────
  skim_variable n_missing complete_rate   mean     sd    p0 p25  p50  p75 p100 hist
1 age                   2         0.999 30.4   12.2   0.167  22 29    38    74 ▁▇▇▂▁
2 fare                 26         0.988 19.8   43.4   0       0 7.15 20.1 512. ▇▁▁▁▁
3 sibsp                10         0.995  0.297  0.840 0       0 0     0     8 ▇▁▁▁▁
4 parch                10         0.995  0.229  0.694 0       0 0     0     9 ▇▁▁▁▁
```

图 13-1 titanic 数据集基本概况

13.4 特征工程

特征工程是对解释变量进行筛选和修饰的过程，以让数据集更加适合模型。首先，我们知道数据中存在有缺失值，但是缺失的比例并不是特别高。这种情况下，我们需要讨论如何处理缺失值，因为机器学习一般是不允许缺失值存在的。如果缺失比例过多，但是特征又很重要，此时对于数值变量可以采用均值进行插值，而对于因子变量则采用众数进行插值。但是如果插补的值与实际值相差过大，则会导致构建的模型不准确。因此在样本量足够的情况下，更好的方法是直接对缺失值进行剔除。这里，我们会观察完整的条目究竟有多少。可以结合 `complete.cases` 和 `sum` 函数来完成这个计算：

```
complete.cases(titanic) %>% sum
## [1] 2099
```

结果告诉我们，完整的数据条目共有 2099 条，而原始数据一共有 2207 条。因此 95%以上的数据都是完整的，我们认为这个数据量已经足以进行模型的构建，因此我们这里直接清除这些缺失值。可以直接使用 `na.omit` 函数进行实现：

```
titanic_na_rm = na.omit(titanic)
```

同时，基于问题背景，我们认为一个人从哪里上船和其国籍可能不会直接影响其是否存活，因此我们直接在预处理中对这两列进行删除：

```
titanic_washed = titanic_na_rm %>% select_dt(-"embarked|country")
titanic_washed
##        gender   age               class  fare sibsp parch survived
##        <fctr> <num>              <fctr> <num> <num> <num>   <fctr>
##    1:   male    42                 3rd  7.11     0     0       no
##    2:   male    13                 3rd 20.05     0     2       no
##    3:   male    16                 3rd 20.05     1     1       no
##    4: female    39                 3rd 20.05     1     1      yes
##    5: female    16                 3rd  7.13     0     0      yes
##   ---
## 2095:   male    41          deck crew  0.00     0     0      yes
## 2096:   male    40 victualling crew  0.00     0     0      yes
## 2097:   male    32 engineering crew  0.00     0     0       no
## 2098:   male    20 restaurant staff  0.00     0     0       no
## 2099:   male    26 restaurant staff  0.00     0     0       no
```

最后，我们获得了一个 2099 行、7 列的数据框，其中 survived 列为响应变量，其数据类型为因子型；而解释变量有 6 个，它们既包括数值型变量，又包含因子型变量。

13.5　数据划分

在建模之前，我们需要把数据划分为验证集和训练集两部分。这里，我们将把 80%的样本作为训练集，而剩下的 20%的样本作为验证集。我们需要保证训练集和验证集中响应变量的样本分布是一致的，也就是说在训练集和验证集中，人员的存活率的分布应该是一致的。此外，应该保证它们的解释变量分布也相对一致。举个例子，如果训练集包含的乘客全部是男性，而验证集中却男女均有，那么利用全部都是男性的样本获得的模型，是无法适用于验证集的情况的。这种情况是应该避免的，因此最好在数据划分的时候就对这个问题进行妥当的处理，否则将很难获得稳健的模型。在本示例中，我们会根据分类变量进行分层抽样，也就是根据 gender、class 和 survived 三个变量进行分层抽样，实现方法如下：

```
set.seed(2020)
titanic_washed[,.SD[sample(.N,.N*.8)],by="gender,class,survived"] %>%
  data.table::setcolorder(neworder = names(titanic_washed))-> train_data
fsetdiff(titanic_washed,train_data) -> test_data
```

从严格意义上讲，还应该让训练集和测试集中的数值变量分布一致，这样就可以避免我们用对船票价格贵的乘客建模所获得的模型来对船票价格较便宜的乘客进行预测。但是在样本量较多的时候，就可以忽略这一点，因为这时候两个数据集所涵盖的范围都是较大的。在后面的建模过程中，我们会以 test_data 中预测值与真实值的差距作为衡量模型好坏的标准，而

train_data 则会作为模型训练的原始数据。

13.6 模型训练

在划分数据后，我们会对模型进行训练。这里，我们会尝试 5 个模型，分别为 LDA、CART 决策树、逻辑回归、KNN 和 SVM。一般来说，我们需要使用重抽样方法。但是上一节提到，如果要对目前的训练集再次进行划分，很可能出现训练集和验证集不均衡的情况，那么在训练过程中就会直接报错。因此，这里我们用整个 train_data 进行建模，最后比较模型在 test_data 上的效果。训练代码如下：

```
# 重采样方法设为"none"，即使用所有数据进行训练
control = trainControl(method = "none")

# 模型训练
 model_labels = list('lda', 'rpart', 'glm', 'knn', 'svmRadial')
lapply(model_labels,function(x){
  train(survived~.,data = train_data,method = x,trControl=control)
}) -> model_list
names(model_list) = model_labels
```

在训练过程中，如果尚未安装相关的包，则命令行会跳出提醒，询问用户是否安装该包。这时候选择同意安装即可（选项 1，即按下“1”然后按回车键）。此外，在构建模型的时候，我们并没有设定超参数，因此模型会直接利用默认的参数来训练。有的模型必须对个别的超参数进行设定，此时就要分别进行训练，并根据自己的需要进行参数设定，这种情况不太利于模型构建的批处理，需要特别注意。现在，我们构建的模型保存在 model_list 变量中，它是一个长度为 5 的列表，每个元素为一个模型，列表中每个元素的名称就是模型的代号。

13.7 模型的预测与评估

这里，我们将准确率作为模型的衡量标准，准确率是指正确判断（是否存活）的样本占总样本的比例。predict 函数可以对给出的模型和测试数据进行模型预测，从而获得预测的类型，然后我们通过对比预测值和实际值来计算准确率。这里，我们还是利用 lapply 函数来实现批处理，实现代码如下：

```
model_compare = lapply(model_list,function(x){
  predict(x,test_data) -> preY # 获得预测值
```

```
  sum(test_data$survived==preY)/length(preY) #计算准确率
})
model_compare
## $lda
## [1] 0.7575758
##
## $rpart
## [1] 0.5411255
##
## $glm
## [1] 0.7662338
##
## $knn
## [1] 0.6233766
##
## $svmRadial
## [1] 0.7835498
```

在结果中我们发现，SVM 模型的效果最佳，逻辑回归和线性判别方法也有较好的效果，而决策树和 KNN 方法的效果最差。在这个基础上，我们可以尝试对最佳模型 SVM 进行参数调节，看看能否获得更好的模型效果。

13.8　超参数调节

我们在 caret 包中所使用的 SVM 方法，其代号为 svmRadial，它是由 kernlab 包提供的，核函数为径向基函数，可调节参数包括反向核宽度 sigma（默认为 1）和惩罚系数 C（默认为 1）。一般而言，C 值越低，越容易导致过拟合。这里，我们尝试设置参数网格，sigma 和 C 取值分别为 0.1、1 和 10，这会形成 3×3=9 种组合。这次训练我们不会对重采样方法进行设定，会采用默认的方法，即有放回的随机抽样（boot）。最后会将准确率作为筛选模型的标准：

```
# 设置参数网格
svm_grid = expand.grid(.sigma = c(.1,1,10),.C = c(.1,1,10))
control = trainControl(method = "boot")

# 进行参数调节，训练时间可能较长
svm_models = train(survived~.,data = train_data,
                   method = "svmRadial",
                   tuneGrid = svm_grid)
```

结果显示，当 sigma 为 0.1、C 为 1 的时候，模型效果最佳：

```
svm_models
## Support Vector Machines with Radial Basis Function Kernel
##
## 1668 samples
##    6 predictor
##    2 classes: 'no', 'yes'
##
## No pre-processing
## Resampling: Bootstrapped (25 reps)
## Summary of sample sizes: 1668, 1668, 1668, 1668, 1668, 1668, ...
## Resampling results across tuning parameters:
##
##   sigma  C     Accuracy   Kappa
##    0.1    0.1  0.7898730  0.47730023
##    0.1    1.0  0.7929683  0.48621462
##    0.1   10.0  0.7829639  0.47030335
##    1.0    0.1  0.7609025  0.36816557
##    1.0    1.0  0.7748853  0.44783275
##    1.0   10.0  0.7729925  0.44513832
##   10.0    0.1  0.6839871  0.03197861
##   10.0    1.0  0.7499207  0.37148471
##   10.0   10.0  0.7364797  0.33086047
##
## Accuracy was used to select the optimal model using the largest value.
## The final values used for the model were sigma = 0.1 and C = 1.
```

最后，让我们利用测试集 test_data 来观察其表现，看看是否比默认的方法更加有效：

```
# 计算调参后模型在验证集上的表现，将准确率作为度量
predict(svm_models,test_data) -> preY
sum(test_data$survived==preY)/length(preY) -> svm_tune_accuracy

model_compare$svmRadial # 默认参数表现
## [1] 0.7835498
svm_tune_accuracy # 调参后表现
## [1] 0.8051948
```

可以看到，调参后的模型不仅在训练集中表现是最好的，在测试集中也得到了比默认参数更好的表现。

在本章中，我们利用 caret 框架对泰坦尼克号中乘客能否存活进行了二分类预测。在实

践中我们尝试了包括 KNN、LDA、决策树、SVM 和逻辑回归在内共 5 种模型，并发现 SVM 的效果最佳。同时，我们对 SVM 模型中的超参数进行调节，发现当 C 取 1、`sigma` 取 0.1 的时候，SVM 模型的表现最好。在系统性地完成这个任务后，我们需要注意的问题包括缺失值的处理和数据划分的技巧。当数据缺失不多的时候，我们直接剔除了缺失的条目。同时，在做模型的时候，一定要保证训练集和验证集的数据分布一致，特别是分类变量，需要在两个数据集中都存在，而且分布应该比较一致。只有这样操作，才能保证模型的验证正确有效。

第 14 章　实践案例二：基于 mlr 框架对波士顿房价进行回归预测

14.1　工具简介

mlr 是一个用于机器学习的 R 语言框架。它提供了一套功能强大且灵活的工具，用于数据预处理、特征选择、模型训练、模型评估和模型选择等任务。本章将会采用 mlr 包来实现，该包作为 mlr3 包的前身，已经经过多次的修缮迭代，体系完备，性能稳定。虽然项目因为其可拓展性存在缺陷而被放弃（维护内容仅包括改错，不再进行拓展），但是对于很多经典的机器学习问题来说，使用这个框架依然能够获得很好的结果，建模效率非常高。此外，由于其不再进行拓展，所以功能非常稳定，不会有重大的变化，非常适用于教学。鉴于这些优势，本章将会利用 mlr 框架来进行回归任务的机器学习，从而让读者重温机器学习的基本思路和实现流程，夯实基础。

14.2　问题背景

20 世纪 70 年代，科学家 Harrison 和 Rubinfeld 对波士顿郊区的房价及其可能的影响因素进行了调查，其响应变量为一批房屋价格的中位数，而解释变量则包含犯罪率、房产税等，共 13 个特征。这份数据可以通过 R 中的 mlbench 包获得，获得方法如下：

```
library(pacman)
p_load(mlbench,mlr,psych,kknn,xgboost)
data(BostonHousing)
```

现在，这份数据就保存在 `BostonHousing` 变量中。如果想要对数据集的内容进行更多的了解，可以键入`?BostonHousing`，从而对数据的构成和生成背景进行查阅。房价预测问题是一个非常典型的回归问题，在本章我们会尝试用多种模型进行拟合，并比较其效果。

14.3　数据审视与预处理

首先，我们通过数据的前 6 行对数据有一个基本了解：

```
head(BostonHousing)
##      crim zn indus chas   nox    rm  age    dis rad tax ptratio      b lstat medv
## 1 0.00632 18  2.31    0 0.538 6.575 65.2 4.0900   1 296    15.3 396.90  4.98 24.0
## 2 0.02731  0  7.07    0 0.469 6.421 78.9 4.9671   2 242    17.8 396.90  9.14 21.6
## 3 0.02729  0  7.07    0 0.469 7.185 61.1 4.9671   2 242    17.8 392.83  4.03 34.7
## 4 0.03237  0  2.18    0 0.458 6.998 45.8 6.0622   3 222    18.7 394.63  2.94 33.4
## 5 0.06905  0  2.18    0 0.458 7.147 54.2 6.0622   3 222    18.7 396.90  5.33 36.2
## 6 0.02985  0  2.18    0 0.458 6.430 58.7 6.0622   3 222    18.7 394.12  5.21 28.7
```

然后，我们利用 skimr 包的 skim 函数来对数据特征进行审视：

```
p_load(skimr)
skim(BostonHousing)
```

运行结果如图 14-1 所示。

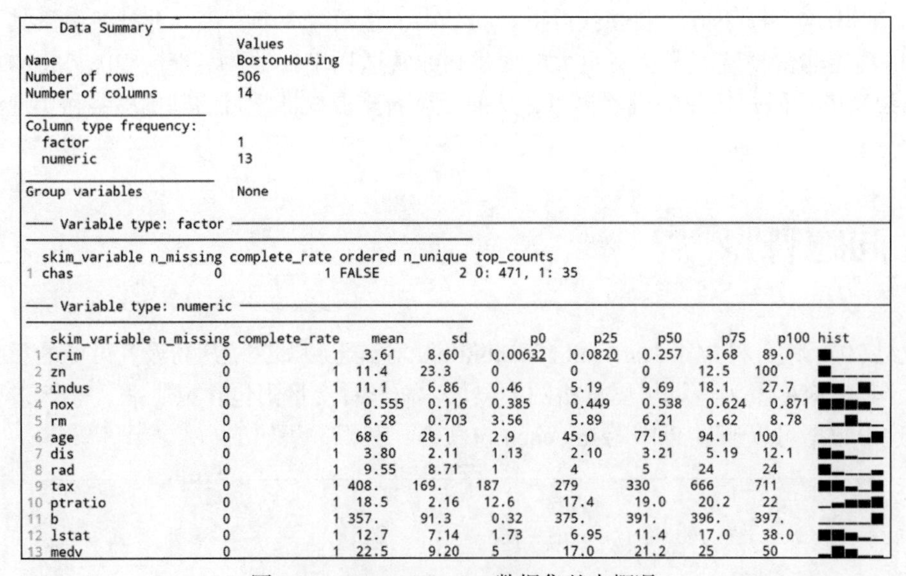

```
── Data Summary ────────────────────────
                           Values
Name                       BostonHousing
Number of rows             506
Number of columns          14
_______________________
Column type frequency:
  factor                   1
  numeric                  13
________________________
Group variables            None

── Variable type: factor ──────────────────────
  skim_variable n_missing complete_rate ordered n_unique top_counts
1 chas                  0             1 FALSE          2 0: 471, 1: 35

── Variable type: numeric ─────────────────────
   skim_variable n_missing complete_rate    mean      sd      p0      p25     p50     p75    p100 hist
 1 crim                  0             1   3.61    8.60  0.00632  0.0820  0.257   3.68   89.0  
 2 zn                    0             1  11.4    23.3   0        0       0      12.5   100    
 3 indus                 0             1  11.1     6.86  0.46     5.19    9.69   18.1    27.7  
 4 nox                   0             1   0.555   0.116 0.385    0.449   0.538   0.624   0.871
 5 rm                    0             1   6.28    0.703 3.56     5.89    6.21    6.62    8.78 
 6 age                   0             1  68.6    28.1   2.9     45.0    77.5    94.1   100    
 7 dis                   0             1   3.80    2.11  1.13     2.10    3.21    5.19   12.1  
 8 rad                   0             1   9.55    8.71  1        4       5      24      24    
 9 tax                   0             1 408.    169.   187      279     330     666     711    
10 ptratio               0             1  18.5     2.16 12.6     17.4    19.0    20.2    22    
11 b                     0             1 357.     91.3   0.32   375.    391.    396.    397.   
12 lstat                 0             1  12.7     7.14  1.73     6.95   11.4    17.0    38.0  
13 medv                  0             1  22.5     9.20  5       17.0    21.2    25      50    
```

图 14-1　BostonHousing 数据集基本概况

在结果中，我们发现数据不存在缺失值，而且除了 chas 以外，变量类型都是数值型的。为了方便后面的机器学习，我们会把 chas 也转化为数值型。它是一个由 0 和 1 构成的因子变量，其中 0 代表没有河流穿过、1 代表有河流穿过。这里，我们直接用 as.numeric 函数将其改为数值型：

```
p_load(tidyfst)
BostonHousing %>%
  mutate_dt(chas = as.numeric(chas)) -> bh
```

现在，转换后的数据就保存在 bh 变量中。因为数据类型都是数值型的，所以我们可以对解释变量之间的相关性进行计算和可视化，进而了解它们之间是否存在共线性。这里，我们使用 corx 包来对解释变量的相关性进行分析：

```
p_load(corx)

# 对去除响应变量 medv 的数据框进行相关性分析
bh_cor = corx(bh[,-"medv"])

# 结果展示
bh_cor
## corx(data = bh[, -"medv"])
##
## -----------------------------------------------------------------------------------------------
##             crim      zn   indus   chas     nox      rm     age     dis
rad     tax ptratio
## -----------------------------------------------------------------------------------------------
## crim           -  -.20***  .41***   -.06  .42*** -.22***  .35*** -.38***
 .63***  .58***  .29***
## zn       -.20***       -  -.53***   -.04 -.52***  .31*** -.57***  .66***
-.31*** -.31*** -.39***
## indus     .41*** -.53***       -     .06  .76*** -.39***  .64*** -.71***
 .60***  .72***  .38***
## chas        -.06    -.04     .06       -    .09*    .09*     .09   -.10*
  -.01    -.04  -.12**
## nox       .42*** -.52***  .76***    .09*       -  -.30***  .73*** -.77***
 .61***  .67***  .19***
## rm       -.22***  .31*** -.39***    .09* -.30***       -  -.24***  .21***
-.21*** -.29*** -.36***
## age       .35*** -.57***  .64***     .09  .73*** -.24***       -  -.75***
 .46***  .51***  .26***
## dis      -.38***  .66*** -.71***   -.10* -.77***  .21*** -.75***       -
-.49*** -.53*** -.23***
## rad       .63*** -.31***  .60***   -.01  .61*** -.21***  .46*** -.49***
   -    .91***  .46***
```

```
## tax        .58*** -.31***  .72***   -.04  .67*** -.29***  .51*** -.53***
.91***      -   .46***
## ptratio  .29*** -.39***  .38*** -.12**  .19*** -.36***  .26*** -.23***
.46***  .46***     -
## b       -.39***  .18*** -.36***    .05 -.38***   .13** -.27***  .29***
-.44*** -.44*** -.18***
## lstat    .46*** -.41***  .60***   -.05  .59*** -.61***  .60*** -.50***
.49***  .54***  .37***
##               b   lstat
## crim    -.39***  .46***
## zn       .18*** -.41***
## indus   -.36***  .60***
## chas        .05    -.05
## nox     -.38***  .59***
## rm        .13** -.61***
## age     -.27***  .60***
## dis      .29*** -.50***
## rad     -.44***  .49***
## tax     -.44***  .54***
## ptratio -.18***  .37***
## b             - -.37***
## lstat   -.37***       -
## ------------------------------------------------------------------------
--------------------
## Note. * p < 0.05; ** p < 0.01; *** p < 0.001
# 可视化
plot(bh_cor)
```

可视化结果如图 14-2 所示。

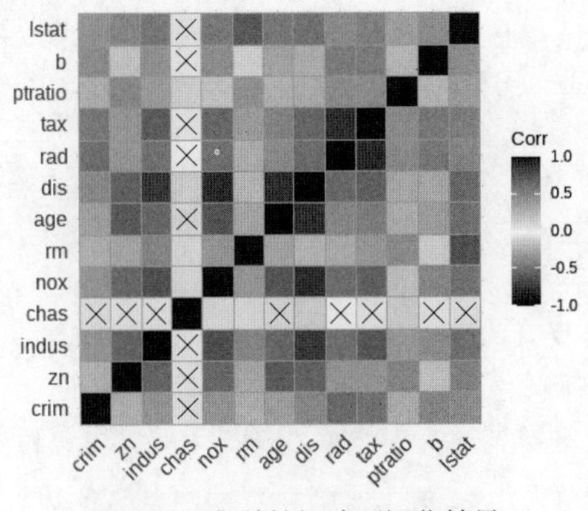

图 14-2　相关性矩阵可视化结果

我们发现，变量之间普遍都存在显著的相关性（结果中的星号代表相关性显著，叉号表示相关性不显著）。所以在构建模型的时候，需要考虑如何降低变量之间的相关性。例如在构建线性模型时，可以考虑使用逐步回归或全子集回归（在建模过程中对变量进行筛选），或者直接在建模之前对这些变量进行降维（如 PCA）。此外，我们还可以观察到数据的量纲不是一致的，它们的均值与标准差相差非常大，这可以利用 summary 函数进行观察：

```
summary(bh)
##       crim                zn             indus            chas             nox
##  Min.   : 0.00632   Min.   :  0.00   Min.   : 0.46   Min.   :1.000   Min.   :0.3850
##  1st Qu.: 0.08205   1st Qu.:  0.00   1st Qu.: 5.19   1st Qu.:1.000   1st Qu.:0.4490
##  Median : 0.25651   Median :  0.00   Median : 9.69   Median :1.000   Median :0.5380
##  Mean   : 3.61352   Mean   : 11.36   Mean   :11.14   Mean   :1.069   Mean   :0.5547
##  3rd Qu.: 3.67708   3rd Qu.: 12.50   3rd Qu.:18.10   3rd Qu.:1.000   3rd Qu.:0.6240
##  Max.   :88.97620   Max.   :100.00   Max.   :27.74   Max.   :2.000   Max.   :0.8710
##        rm             age              dis              rad              tax
##  Min.   :3.561   Min.   :  2.90   Min.   : 1.130   Min.   : 1.000   Min.   :187.0
##  1st Qu.:5.886   1st Qu.: 45.02   1st Qu.: 2.100   1st Qu.: 4.000   1st Qu.:279.0
##  Median :6.208   Median : 77.50   Median : 3.207   Median : 5.000   Median :330.0
##  Mean   :6.285   Mean   : 68.57   Mean   : 3.795   Mean   : 9.549   Mean   :408.2
##  3rd Qu.:6.623   3rd Qu.: 94.08   3rd Qu.: 5.188   3rd Qu.:24.000   3rd Qu.:666.0
##  Max.   :8.780   Max.   :100.00   Max.   :12.127   Max.   :24.000   Max.   :711.0
##     ptratio             b              lstat             medv
##   Min.   :12.60   Min.   :  0.32   Min.   : 1.73   Min.   : 5.00
##   1st Qu.:17.40   1st Qu.:375.38   1st Qu.: 6.95   1st Qu.:17.02
##   Median :19.05   Median :391.44   Median :11.36   Median :21.20
##   Mean   :18.46   Mean   :356.67   Mean   :12.65   Mean   :22.53
##   3rd Qu.:20.20   3rd Qu.:396.23   3rd Qu.:16.95   3rd Qu.:25.00
##   Max.   :22.00   Max.   :396.90   Max.   :37.97   Max.   :50.00
```

在这种情况下，如果要考虑是否要对变量进行 z 中心化，以让它们保持同一个量纲。是否这样做取决于我们的目的，如果我们要获得的是预测性模型，这一步需要慎重，因为对于新数据而言其均值和标准差会改变，但是模型要适用于新的数据，那么预处理方法也需要保持一致，这往往是难以做到的。因此对于预测性模型，预处理方法需要标准化，保证其适用于广泛的情况。而对于解释性模型我们只是需要知道哪些变量起到作用、起到什么作用、起了多大作用，此时只要保证变量之间保持统一的处理即可，因为解释变量之间存在的相关性在数据转换后依旧能够保留，而它们与响应变量的关系也维持不变。在本示例中，我们想知道房价是受到什么因素的影响，而不是真需要利用这些因素去精确预测房价（实际上这是难以实现的）。所以，我们会对数据中的解释变量进行统一的 z 中心化，这样做可以让解释变量的重要程度具有更好的可比性：

```
bh %>%
  mutate_vars(-"medv",scale) -> bh_scale
```

现在，我们经过 z 中心化处理好的数据就保存在 bh_scale 变量中。由于我们的模型主要是用于解释问题，因此我们不再划分训练集和测试集，而是直接利用全数据进行重采样。这里我们会利用 5 折交叉验证进行重采样：

```
# 定义重采样方法，为 5 折交叉验证
rdesc = makeResampleDesc("CV",iters = 5)
```

14.4　任务定义

在 mlr 框架下，我们需要定义要做的任务类型。本节要进行的是回归任务，所以需要用 makeRegrTask 函数来定义这个任务类型。在这个过程中，我们需要声明所用的数据，以及数据中的响应变量是什么（利用 target 参数）：

```
regr.task = makeRegrTask(data = bh_scale, target = "medv")
regr.task
## Supervised task: bh_scale
## Type: regr
## Target: medv
## Observations: 506
## Features:
##    numerics     factors     ordered functionals
##          13           0           0           0
## Missings: FALSE
## Has weights: FALSE
## Has blocking: FALSE
## Has coordinates: FALSE
```

在 mlr 框架下，除了回归任务外，我们还可以定义分类任务、生存分析任务、聚类分析任务、多分类任务等，详细的任务类型和创建方法可以参考官方介绍。

14.5　建模与调参

尽管我们的模型是解释性的，但是必须找到表现良好的模型才能进行深入的分析解释。因此，我们需要利用已有的数据，通过模型选择和参数调节来找到一个最佳模型。在第 13 章中，我们先利用默认参数进行模型选择，然后再对最佳模型进行参数调节，从而获得最佳模型的最佳参数组合，这是一种合适的最佳模型搜索策略。但实际上，可能有别的模型也有很好的表现，只是其默认的参数无法在当前的数据中获得较好的结果。所以我们还可以使用另一种策略，那就是模型选择的时候就考虑超参数的调节，把调参的条件纳入模型选择的过程中，然后通过训练具有不同参数组合的多个模型来选择其中的最佳模型。这种方法会消耗更多的时间，但是能够增大找到更好模型的可能性。在本次建模中，我们会尝试线性回归、随机森林、xgboost 和 KNN 回归 4 种模型，其中线性回归不需要对参数进行调节，其他模型则会对一定的参数组合进行尝试。首先我们要找到这 4 种模型的相关代号，可以尝试用 listLearners 函数进行查阅：

```
listLearners(obj = "regr") %>%
  filter_dt(class %like% "kknn|ranger|regr.lm|xgboost") %>%
  select_dt(class,name) -> models_df

models_df
##           class                           name
##          <char>                          <char>
## 1:    regr.kknn K-Nearest-Neighbor regression
## 2:      regr.lm      Simple Linear Regression
## 3:  regr.ranger                 Random Forests
## 4: regr.xgboost     eXtreme Gradient Boosting
```

随后，我们需要查看这些模型分别有哪些参数可以调节：

```
lapply(models_df$class,getParamSet) -> model_para_sets
names(model_para_sets) = models_df$class

model_para_sets
## $regr.kknn
##                Type len     Def                                 Constr
Req Tunable Trafo
## k           integer   -       7                               1 to Inf
  -    TRUE     -
## distance   numeric   -       2                               0 to Inf
  -    TRUE     -
## kernel    discrete   - optimal rectangular,triangular,epanechnikov,b...
  -    TRUE     -
## scale      logical   -    TRUE                                      -
  -    TRUE     -
##
## $regr.lm
##                  Type len   Def   Constr Req Tunable Trafo
## tol           numeric   - 1e-07 0 to Inf   -    TRUE     -
## singular.ok logical   -  TRUE          -   -   FALSE     -
##
## $regr.ranger
```

```
##                                              Type  len       Def
          Constr Req Tunable
## num.trees                               integer    -       500
        1 to Inf   -     TRUE
## mtry                                    integer    -         -
        1 to Inf   -     TRUE
## min.node.size                           integer    -         5
        1 to Inf   -     TRUE
## replace                                 logical    -      TRUE
               -   -     TRUE
## sample.fraction                         numeric    -         -
          0 to 1   -     TRUE
## split.select.weights              numericvector <NA>         -
          0 to 1   -     TRUE
## always.split.variables                  untyped    -         -
               -   -     TRUE
## respect.unordered.factors              discrete    -    ignore       ignore,
order,partition    -     TRUE
## importance                             discrete    -      none   none,impurity,
permutation    -   FALSE
## write.forest                            logical    -      TRUE
               -   -    FALSE
## scale.permutation.importance            logical    -     FALSE
               -   Y    FALSE
## num.threads                             integer    -         -
        1 to Inf   -    FALSE
## save.memory                             logical    -     FALSE
               -   -    FALSE
## verbose                                 logical    -      TRUE
               -   -    FALSE
## seed                                    integer    -         -
     -Inf to Inf   -    FALSE
## splitrule                              discrete    - variance variance,
extratrees,maxstat   -    TRUE
## num.random.splits                       integer    -         1
        1 to Inf   Y     TRUE
## alpha                                   numeric    -       0.5
          0 to 1   Y     TRUE
## minprop                                 numeric    -       0.1
        0 to 0.5   Y     TRUE
## keep.inbag                              logical    -     FALSE
               -   -    FALSE
```

```
## se.method                            discrete     -  infjack
    jack,infjack    Y    TRUE
##                                 Trafo
## num.trees                           -
## mtry                                -
## min.node.size                       -
## replace                             -
## sample.fraction                     -
## split.select.weights                -
## always.split.variables              -
## respect.unordered.factors           -
## importance                          -
## write.forest                        -
## scale.permutation.importance        -
## num.threads                         -
## save.memory                         -
## verbose                             -
## seed                                -
## splitrule                           -
## num.random.splits                   -
## alpha                               -
## minprop                             -
## keep.inbag                          -
## se.method                           -
##
## $regr.xgboost
##                                   Type  len          Def
                  Constr
## booster                       discrete    -       gbtree
      gbtree,gblinear,dart
## watchlist                      untyped    -       <NULL>
                       -
## eta                            numeric    -          0.3
                  0 to 1
## gamma                          numeric    -            0
                0 to Inf
## max_depth                      integer    -            6
                0 to Inf
## min_child_weight               numeric    -            1
                0 to Inf
## subsample                      numeric    -            1
                  0 to 1
```

```
## colsample_bytree              numeric    -             1
                0 to 1
## colsample_bylevel             numeric    -             1
                0 to 1
## colsample_bynode              numeric    -             1
                0 to 1
## num_parallel_tree             integer    -             1
              1 to Inf
## lambda                        numeric    -             1
              0 to Inf
## lambda_bias                   numeric    -             0
              0 to Inf
## alpha                         numeric    -             0
              0 to Inf
## objective                     untyped    - reg:squarede...
                     -
## eval_metric                   untyped    -          rmse
                     -
## base_score                    numeric    -           0.5
           -Inf to Inf
## max_delta_step                numeric    -             0
              0 to Inf
## missing                       numeric    -
           -Inf to Inf
## monotone_constraints   integervector <NA>             0
               -1 to 1
## tweedie_variance_power        numeric    -           1.5
                1 to 2
## nthread                       integer    -             -
              1 to Inf
## nrounds                       integer    -             -
              1 to Inf
## feval                         untyped    -        <NULL>
                     -
## verbose                       integer    -             1
                0 to 2
## print_every_n                 integer    -             1
              1 to Inf
## early_stopping_rounds         integer    -        <NULL>
              1 to Inf
## maximize                      logical    -        <NULL>
                     -
```

```
    ## sample_type                   discrete    -         uniform
            uniform,weighted
    ## normalize_type                discrete    -            tree
                tree,forest
    ## rate_drop                      numeric    -               0
                    0 to 1
    ## skip_drop                      numeric    -               0
                    0 to 1
    ## scale_pos_weight               numeric    -               1
                -Inf to Inf
    ## refresh_leaf                   logical    -            TRUE
                         -
    ## feature_selector              discrete    -          cyclic cyclic,shuffle,
random,greedy,thrifty
    ## top_k                          integer    -               0
                  0 to Inf
    ## predictor                     discrete    -   cpu_predictor
   cpu_predictor,gpu_predictor
    ## updater                        untyped    -               -
                         -
    ## sketch_eps                     numeric    -            0.03
                    0 to 1
    ## one_drop                       logical    -           FALSE
                         -
    ## tree_method                   discrete    -            auto      auto,
exact,approx,hist,gpu_hist
    ## grow_policy                   discrete    -       depthwise
        depthwise,lossguide
    ## max_leaves                     integer    -               0
                  0 to Inf
    ## max_bin                        integer    -             256
                  2 to Inf
    ## callbacks                      untyped    -          list()
                         -
    ##                          Req Tunable Trafo
    ## booster                    -    TRUE     -
    ## watchlist                  -   FALSE     -
    ## eta                        -    TRUE     -
    ## gamma                      -    TRUE     -
    ## max_depth                  -    TRUE     -
    ## min_child_weight           -    TRUE     -
    ## subsample                  -    TRUE     -
    ## colsample_bytree           -    TRUE     -
```

```
## colsample_bylevel         -    TRUE     -
## colsample_bynode          -    TRUE     -
## num_parallel_tree         -    TRUE     -
## lambda                    -    TRUE     -
## lambda_bias               -    TRUE     -
## alpha                     -    TRUE     -
## objective                 -   FALSE     -
## eval_metric               -   FALSE     -
## base_score                -   FALSE     -
## max_delta_step            -    TRUE     -
## missing                   -   FALSE     -
## monotone_constraints      -    TRUE     -
## tweedie_variance_power    Y    TRUE     -
## nthread                   -   FALSE     -
## nrounds                   -    TRUE     -
## feval                     -   FALSE     -
## verbose                   -   FALSE     -
## print_every_n             Y   FALSE     -
## early_stopping_rounds     -   FALSE     -
## maximize                  -   FALSE     -
## sample_type               Y    TRUE     -
## normalize_type            Y    TRUE     -
## rate_drop                 Y    TRUE     -
## skip_drop                 Y    TRUE     -
## scale_pos_weight          -    TRUE     -
## refresh_leaf              -    TRUE     -
## feature_selector          -    TRUE     -
## top_k                     -    TRUE     -
## predictor                 -    TRUE     -
## updater                   -    TRUE     -
## sketch_eps                -    TRUE     -
## one_drop                  Y    TRUE     -
## tree_method               Y    TRUE     -
## grow_policy               Y    TRUE     -
## max_leaves                Y    TRUE     -
## max_bin                   Y    TRUE     -
## callbacks                 -   FALSE     -
```

根据上面的结果，我们可以看到每一个模型都有很多参数可以调节。如果要调节多个参数，那么往往会花费大量的时间。参数调节非常依赖模型本身的设计理念，同时依赖实践经验，我们这里仅对每个模型调节一个参数进行演示（其他参数则会自动选用默认值）。读者可以根据自己的业务背景在实践工作中选择多个参数组合进行调节。这里，我们直接指定要尝试的参数组合，这可以联用 makeParamSet 和 makeDiscreteParam 函数进行实现。在筛选的时候，我们将选用 RMSE 作为评价指标，在 mlr 框架中可以直接将其指定为 rmse 变量。实现代码如下：

```
# 设定不同模型参数，其中线性回归模型不需要调参，因此没有囊括在内
ps_knn = makeParamSet(
  makeDiscreteParam("k",values = c(5,7,9))
)

ps_ranger = makeParamSet(
  makeDiscreteParam("num.trees",values = c(100,300,500))
)

ps_xgboost = makeParamSet(
  makeDiscreteParam("eta",values = c(.1,.3,.5))
)

# 根据网络参数对每个模型进行调参，然后返回最佳模型
ctrl = makeTuneControlGrid() # 设定调参方法为网络遍历
tuned_knn = makeTuneWrapper(learner = "regr.kknn",resampling = rdesc,measures =
rmse,
                            par.set = ps_knn,control = ctrl,show.info = FALSE)

tuned_ranger = makeTuneWrapper(learner = "regr.ranger",resampling = rdesc,
measures = rmse,
                            par.set = ps_ranger,control = ctrl,show.info = FALSE)

tuned_xgboost = makeTuneWrapper(learner = "regr.xgboost",resampling = rdesc,
measures = rmse,
                            par.set = ps_xgboost,control = ctrl,show.info =
FALSE)
```

在上面的 makeTuneWrapper 函数中，我们将 show.info 参数设置为 FALSE，这样就不会有大量的中间过程输出。如果想要看到建模过程，那么可以把这个参数设为 TRUE。

14.6　模型表现比较

训练之后，我们会把之前调参筛选出来的模型与没有经过调参的线性回归模型进行比较。这里，我们首先需要把之前调好的模型与不需要调参的线性回归模型放在一起，然后利用 benchmark 函数来进行统一的训练比较，从而看看在相同的数据和同样的采样条件下这些模型表现有何不同：

```
# 把 4 个学习器合并成一个列表，其中第一个为线性回归，其余为调参后的 KNN、随机森林、xgboost
模型
lrns = list(makeLearner("regr.lm"),tuned_knn,tuned_ranger,tuned_xgboost)

# 对模型进行比较（对同样的任务利用同样的重采样方法和模型评价标准，只有模型不一样）
bmr = benchmark(learners = lrns, tasks = regr.task, resamplings = rdesc,
measures = rmse,
  show.info = FALSE)
```

上面的代码可能需要运行相当长的时间，如果读者的计算机资源支持多核心，那么可以使用下面的代码来设置并行计算：

```
library("parallelMap")
parallelStartSocket(2) #这里假设计算为双核，如果核心数量更多，可以设置得更大
## 此处进行我们上面的计算
parallelStop() # 在计算之后，可以利用这行代码来停止并行框架
```

完成计算之后，我们可以观察一下获得的结果：

```
getBMRAggrPerformances(bmr)
## $bh_scale
## $bh_scale$regr.lm
## rmse.test.rmse
##        4.97957
##
## $bh_scale$regr.kknn.tuned
## rmse.test.rmse
##       4.158523
##
## $bh_scale$regr.ranger.tuned
## rmse.test.rmse
##       3.541647
##
## $bh_scale$regr.xgboost.tuned
## rmse.test.rmse
##       12.84295
plotBMRBoxplots(bmr)
```

运行结果如图 14-3 所示。

因为衡量的指标为 RMSE，那么该值越小，说明模型越好。结果显示经过校正的随机森林模型效果最好。但是目前我们还不知道最佳模型的参数是什么，我们可以单独对随机森林进行训练来获得结果。训练模型可以使用 train 函数进行实现：

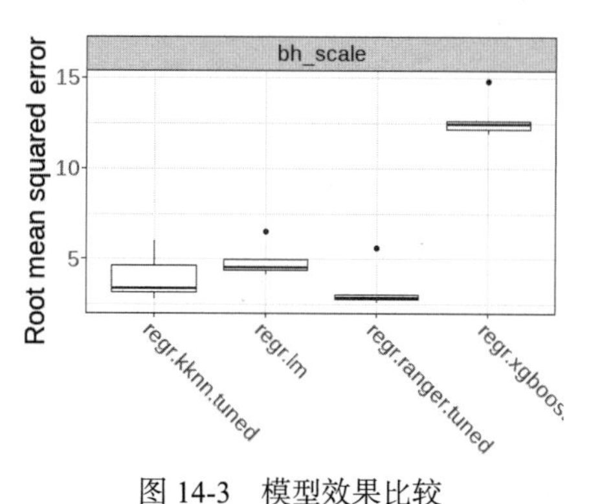

图 14-3　模型效果比较

```
mod = train(tuned_ranger,regr.task)
```

然后直接打印这个函数的结果：

```
getTuneResult(mod)
## Tune result:
## Op. pars: num.trees=100
## rmse.test.rmse=3.2171510
```

根据结果可以知道，当树的棵数为 100 的时候，我们可以得到最佳模型。

14.7　进一步的参数调节

在之前的尝试中，我们已经知道随机森林模型是最有潜力的模型。但是，我们也只尝试了一个参数的调节，即分别使用 100 棵树、300 棵树和 500 棵树。在本节中，我们会对参数进行进一步的调节。首先，我们会选取 100 附近的值再继续探索，即 `num.trees` 取 50、100、150 和 200。此外，我们还会对 `mtry` 参数进行调节，它设置的是每次划分能够有多少分支，默认取的是数值变量平方根（向下取整），这里我们会分别对 2、3 和 4 进行尝试。我们依然使用 mlr 框架进行参数调节，代码如下：

```
rf_para = makeParamSet(
  makeDiscreteParam("num.trees",c(50,100,150,200)),
  makeDiscreteParam("mtry",2:4)
)
ctrl = makeTuneControlGrid()
```

这里，我们将直接划分训练集和测试集，mlr 提供了 `hout` 变量，可以直接进行调用。这个设置会把三分之二的数据用作训练，剩下三分之一的数据用作验证。然后，我们就可以用 `tuneParams` 函数进行调参：

```
res = tuneParams(
  "regr.ranger",task = regr.task,resampling = hout,
  par.set = rf_para,control = ctrl,show.info = FALSE
)
```

获得的结果如下所示：

```
res
## Tune result:
## Op. pars: num.trees=150; mtry=4
## mse.test.mean=12.3935574
```

可以发现，当 num.trees 被设置为 150、mtry 被设置为 4 的时候，可获得最佳的随机森林模型。如果需要更好的精度，可以继续尝试新的参数组合（如设置 num.trees 为 140 和 160，设置 mtry 为 5 和 6）。

14.8　模型解释

在前面的章节中，我们提到建模的目的主要是想理解房价受到哪些因素的影响。因此，虽然我们已经探知了哪个模型可能得到最佳的结果，也知道了较好的参数组合，但是我们依然需要对这个模型进行分析，从而知道是哪些变量起到了作用，起到了什么作用，不同解释变量之间是不是有相互作用。因此，我们应该对模型中的变量重要性进行分析。首先，利用我们已经获知的最佳参数（num.trees=150,mtry=4），直接调用 ranger 包来构建随机森林模型。在建模的同时，需要设定 importance 参数，这样才能在建模过程中保留对变量重要性的信息。在随机森林模型中，有多种方法可以计算变量重要性，比较常见的方法是基于基尼系数和基于随机置换的方法。针对这里的回归问题，我们会利用基于随机置换的方法（需要设置 importance = “permutation”），它的算法是对于每次迭代中带外样本的每一个变量进行混洗，然后比较混洗和没有混洗两种状况下的差异性。如果差异越大，说明这个变量对于模型的预测起到的作用越大。可以利用 ranger 包的 importance 函数来观察变量的重要性：

```
set.seed(2020)
p_load(ranger)
rf_model = ranger(medv~.,data = bh_scale,
                  num.trees = 150,mtry = 4,
                  importance = "permutation")
ranger::importance(rf_model) %>% sort
##         zn        chas         rad          b         age         tax
indus    ptratio
```

```
    ##  0.4211982  1.0199000  1.2976216  1.6887277  3.4866855  3.6425269
6.7743755  6.9935000
    ##       crim        dis        nox         rm      lstat
    ##  7.3263150  8.3804952 12.6269046 31.1160221 55.0403696
```

从上面的结果中，我们可以看到最重要的变量是 lsta，其次为 rm 和 nox。而后，我们想知道响应变量 medv 是如何随着最重要的三个特征变化而变化的，我们会用 DALEX 包来构建 PDP 图，从而对这个关系进行探索：

```
    p_load(DALEX)

    # 构建解释器
    exp_bh_rf = explain(rf_model,data = bh_scale,y = bh_scale$medv,colorize = F)
    ## Preparation of a new explainer is initiated
    ##    -> model label        :  ranger  (  default  )
    ##    -> data               :  506  rows  14  cols
    ##    -> target variable    :  506  values
    ##    -> predict function   :  yhat.ranger  will be used (  default  )
    ##    -> predicted values   :  No value for predict function target column.
(  default  )
    ##    -> model_info         :  package ranger , ver. 0.15.1 , task regression
(  default  )
    ##    -> predicted values   :  numerical, min =  6.536014 , mean =  22.54127 ,
 max =  48.87037
    ##    -> residual function :  difference between y and yhat (  default  )
    ##    -> residuals          :  numerical, min =  -4.954889 , mean =
-0.008467066 , max =  9.528854
    ##   A new explainer has been created!
    # 数据计算
    vr_pdp = model_profile(exp_bh_rf,variables = c("lstat","rm","nox"))

    # 可视化
    plot(vr_pdp)
```

可视化结果如图 14-4 所示。

在图 14-3 中，我们可以看到 lstat 和 nox 均与 medv 呈负相关关系，而 rm 与 medv 呈正相关关系，而且这个关系是非线性的。此外，我们还想要探索变量之间的交互作用，例如两个变量在协同变化的时候，会对响应变量起到什么作用。这个功能可以使用 randomForestExplainer 包进行实现。例如，我们想要知道 lstat 和 rm 变量是如何共同影响 medv 的，可以这样操作：

```
    p_load(randomForestExplainer)
    plot_predict_interaction(rf_model, bh_scale, "rm", "lstat")
```

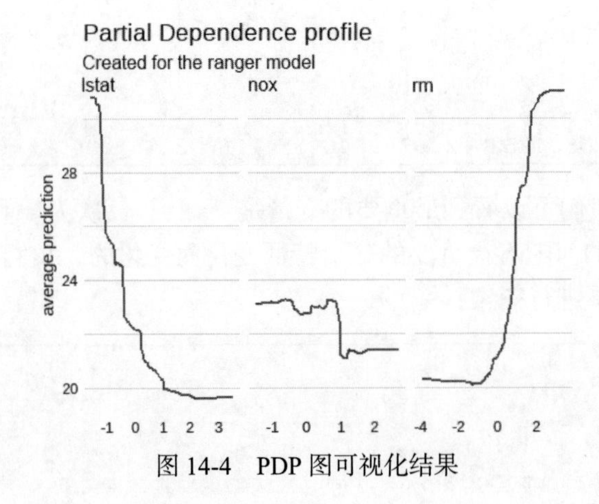

图 14-4　PDP 图可视化结果

可视化结果如图 14-5 所示。

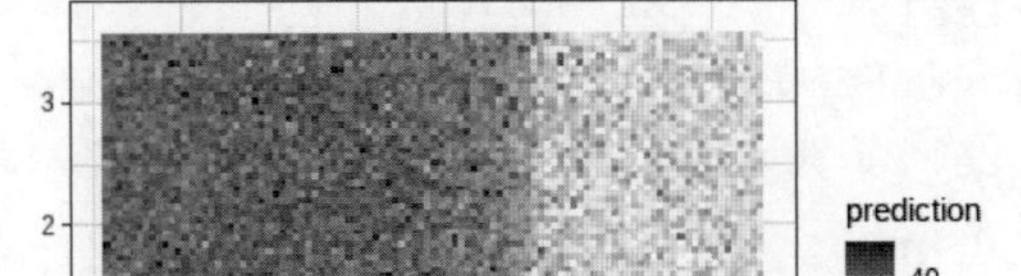
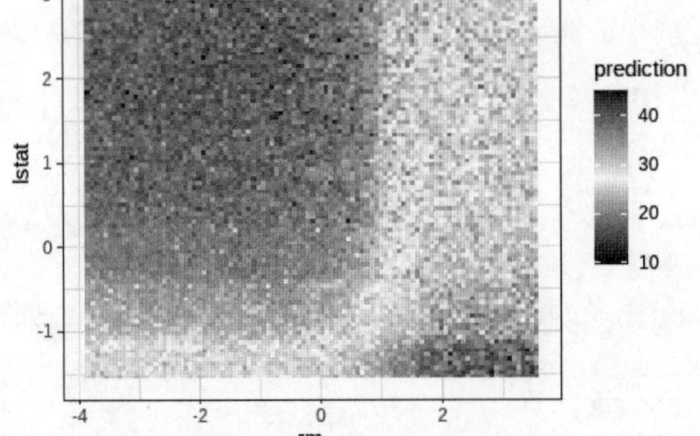

图 14-5　双解释变量对响应变量的共同影响关系的可视化结果

通过图 14-5，我们可以发现，随着 `rm` 下降和 `stat` 升高，`medv` 会下降；而当 `rm` 升高、`lstat` 下降的时候，`medv` 会上升。这种方法有助于我们对多个变量的相互作用进行探索。要发现关键变量的交互作用，我们还可以使用有条件最小深度的方法，具体内容可参考 randomForestExplainer 包的官方文档。

第 15 章　实践案例三：基于 mlr3 框架对皮马印第安人糖尿病数据集进行特征筛选

15.1　工具简介

mlr3 是一个基于 R 语言的机器学习框架，它提供了统一的接口和对象导向的设计，使得用户可以轻松构建、训练和评估各种机器学习模型。它具有模块化的设计和丰富的功能，包括数据预处理、特征选择、交叉验证和模型调参等，同时支持并行计算和可扩展的插件系统，使得用户能够更高效地进行机器学习研究和应用开发。mlr3 是 mlr 的下一代版本，它是对 mlr 框架的重写和重构。mlr3 旨在提供更强大、更灵活和更现代化的机器学习工具集。与 mlr 相比，mlr3 具有更加模块化和对象导向的设计，提供了一致的接口和更丰富的功能。mlr3 还引入了一些新的概念和改进，如任务（Task）和学习者（Learner），以提供更好的扩展性和可定制性。虽然 mlr3 是 mlr 的升级版本，但它们在语法和用法上存在一些差异，需要用户进行相应的迁移和调整。本章将会利用 mlr3 工具来演示如何在机器学习中进行特征筛选。

15.2　问题背景

糖尿病是一种可怕的疾病，因此研究其发病机制非常有价值。皮马糖尿病数据库中对 768 名印第安妇女进行了医学调查，包括血糖水平、胰岛素水平、体重等，并对其是否有糖尿病进行了检测。依赖这份数据集，我们可以根据病人的检验结果来断定其是否患有糖尿病，从而更好地对糖尿病进行防控。这份数据可以通过加载 mlbench 包获取，让我们通过前 6 行数据对其有一个基本的理解：

```
library(pacman)
p_load(mlbench)
data(PimaIndiansDiabetes)
head(PimaIndiansDiabetes)
```

```
##   pregnant glucose pressure triceps insulin mass pedigree age diabetes
## 1        6     148       72      35       0 33.6    0.627  50      pos
## 2        1      85       66      29       0 26.6    0.351  31      neg
## 3        8     183       64       0       0 23.3    0.672  32      pos
## 4        1      89       66      23      94 28.1    0.167  21      neg
## 5        0     137       40      35     168 43.1    2.288  33      pos
## 6        5     116       74       0       0 25.6    0.201  30      neg
```

通过观察数据框的前 6 行，我们发现这份数据共有 9 列，其中响应变量 diabetes 为因子变量，代表是否患有糖尿病（neg 表示没有，pos 代表有）；其他变量均为数值型变量，是各种有可能影响糖尿病发病的特征。我们可以使用 skimr 的 skim 函数来观察变量的分布状况：

```
p_load(skimr)
skim(PimaIndiansDiabetes)
```

分布状况如图 15-1 所示。

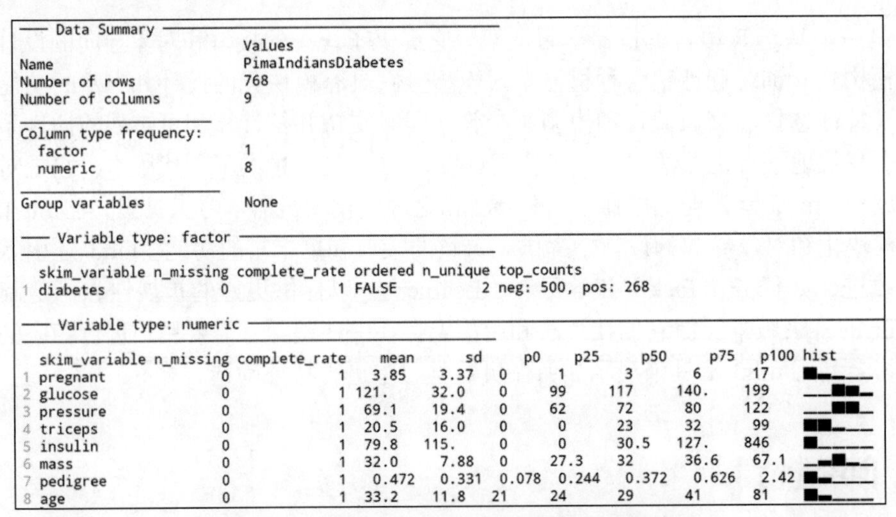

── Data Summary ──

	Values
Name	PimaIndiansDiabetes
Number of rows	768
Number of columns	9
Column type frequency:	
factor	1
numeric	8
Group variables	None

── Variable type: factor ──

	skim_variable	n_missing	complete_rate	ordered	n_unique	top_counts
1	diabetes	0	1	FALSE	2	neg: 500, pos: 268

── Variable type: numeric ──

	skim_variable	n_missing	complete_rate	mean	sd	p0	p25	p50	p75	p100	hist
1	pregnant	0	1	3.85	3.37	0	1	3	6	17	
2	glucose	0	1	121.	32.0	0	99	117	140.	199	
3	pressure	0	1	69.1	19.4	0	62	72	80	122	
4	triceps	0	1	20.5	16.0	0	0	23	32	99	
5	insulin	0	1	79.8	115.	0	0	30.5	127.	846	
6	mass	0	1	32.0	7.88	0	27.3	32	36.6	67.1	
7	pedigree	0	1	0.472	0.331	0.078	0.244	0.372	0.626	2.42	
8	age	0	1	33.2	11.8	21	24	29	41	81	

图 15-1　PimaIndiansDiabetes 数据集基本概况

我们将会基于这份数据来对数据集进行特征筛选，这部分知识在第 6 章中进行了介绍，这里我们将使用 mlr3verse 包提供的框架来对其进行实现。首先加载数据：

```
p_load(mlr3verse)
```

15.3　去除冗余特征

特征筛选的一大任务就是要解决共线性的问题，这就意味着筛选过程需要去掉具有冗余信息的特征。首先，我们可以利用 corx 包提供的 `corx` 函数来观察变量之间的相关性：

```
p_load(corx)
corx(PimaIndiansDiabetes[,-9])
## corx(data = PimaIndiansDiabetes[, -9])
##
## ---------------------------------------------------------------------------------
##            pregnant glucose pressure triceps insulin   mass pedigree    age
## ---------------------------------------------------------------------------------
## pregnant          -  .13***   .14***   -.08*   -.07*    .02      -.03 .54***
## glucose      .13***       -   .15***     .06  .33*** .22***    .14*** .26***
## pressure     .14***  .15***        -  .21***    .09* .28***       .04 .24***
## triceps       -.08*     .06   .21***       -  .44*** .39***    .18*** -.11**
## insulin       -.07*  .33***     .09*  .44***       - .20***    .19***   -.04
## mass            .02  .22***   .28***  .39***  .20***      -    .14***    .04
## pedigree       -.03  .14***      .04  .18***  .19*** .14***         -    .03
## age          .54***  .26***   .24***  -.11**    -.04    .04       .03      -
## ---------------------------------------------------------------------------------
## Note. * p < 0.05; ** p < 0.01; *** p < 0.001
```

可以观察到，变量之间存在普遍的相关性，如年龄（`age`）与是否怀孕（`pregnant`）、胰岛素水平（`insulin`）与体重（`mass`）等。要剔除其中冗余的特征，caret 包提供了一种基于相关性计算的经验性方法（`findCorrelation` 函数），它会首先计算变量之间的相关性矩阵，然后找到相关性最大的一对变量，计算它们与其他变量相关系数的均值，把均值大的变量剔除。当然，这里需要设定一个阈值，即相关系数均值小于一定数值的时候，两个变量都应该予以保留，从而停止筛选。我们在上面的分析中已经观察过数值变量之间的相关性矩阵，这里我们可以把阈值设为 0.4，然后看看应该剔除的变量是哪些：

```
p_load(caret)

# 计算相关性矩阵
cor_mat = cor(PimaIndiansDiabetes[,-9])

# 返回需要剔除的列号
findCorrelation(cor_mat,cutoff = .4)
## [1] 4 8
# 返回需要剔除的列名称
findCorrelation(cor_mat,names = TRUE,cutoff = .4)
## [1] "triceps" "age"
```

结果显示，在这个算法下，需要剔除的变量是第 4 列和第 8 列，它们分别是 `triceps` 和 `age`。因为计算相关矩阵的时候，我们已经把响应变量剔除，因此如果要在原始数据中剔除这些列，还是使用列名称来删除比较稳妥。

15.4　特征重要性排序

基于相关性的特征筛选法还有很多，比较实用的还有 MRMR（Minimum Redundancy Maximal Relevancy）方法，它的核心思想是让解释变量与响应变量之间的相关性尽量大，而让解释变量之间的相关性尽量小。在 R 语言中，praznik 包提供了这种算法的一种实现，我们可以在 mlr3 框架下对这个包进行调用。下面来做一个演示：

```
# 定义 MRMR 过滤器
filter = flt("mrmr")

# 定义糖尿病预测的分类任务
task = TaskClassif$new(id = "diabetes",backend = PimaIndiansDiabetes,target =
"diabetes")

# 基于 MRMR 和糖尿病数据集对解释变量的得分进行计算
filter$calculate(task)

# 提取计算结果
scores = as.data.table(filter)
```

现在，每一个特征的重要性得分就保存在 scores 数据框中，我们可以进行查看：

```
scores
##      feature     score
##       <char>     <num>
## 1:  glucose 1.0000000
## 2:     mass 0.8571429
## 3:      age 0.7142857
## 4: pedigree 0.5714286
## 5:  insulin 0.4285714
## 6: pressure 0.2857143
## 7: pregnant 0.1428571
## 8:  triceps 0.0000000
```

我们发现，与是否罹患糖尿病最相关的 3 个因素分别为血糖（glucose）、体重（mass）和年龄（age），而最不相关的因素为是否怀孕（pregnant）和肱三头肌皮褶厚度（triceps）。尽管我们进行了得分的计算，但是最后要保留多少解释变量依然依赖人工的判断。当然，我们也可以在实际建模中纳入不同数量的特征，然后比较模型的效果，最后再来决定应该保留哪些解释变量。在 mlr3 框架中，主要是由 mlr3filters 包来提供过滤法的实现，从而为特征的重要性排序。除了 MRMR 方法之外，它还支持很多其他方法，例如完全基于相关性的方法（correlation）、JMI 方法（Joint Mutual Information）等。

15.5 利用封装法对特征进行筛选

在 6.3.2 节中，我们曾介绍了封装法进行特征筛选的基本原理。在 mlr3 框架下，可以使用 mlr3fselect 包的工具来实现这种方法来对特征进行筛选。唯一需要注意的是，这种方法会尝试多个变量组合，然后通过比较其模型表现来判断是否保留这些变量，因此筛选会非常耗时。一般来说，我们需要设定筛选的停止条件，例如经过多少次迭代后停止，或者经过多长时间后自动终止筛选过程。在实践中，筛选的实质就是不断地利用不同的变量组合进行建模。那么，我们需要先选择一个模型。这里，我们将选用 LDA 模型进行尝试：

```
p_load(mlr3fselect)
learner = lrn("classif.lda")
```

同时，我们需要设置重采样方法和模型判断标准，这里我们会使用简单的训练集/验证集划分（代号为 `holdout`），并采用分类错误率作为模型衡量标准（代号为 `classif.ce`）：

```
hout = rsmp("holdout")
measure = msr("classif.ce")
```

最后，我们需要选择一个终止条件。这里一共有 8 个解释变量，因此最多可以进行 2^8=256 次迭代。这里，我们选择进行 5 次迭代以节省时间：

```
eval5 = trm("evals",n_evals =5)
```

在设定了所有条件之后，我们开始执行算法，然后进行变量筛选：

```
instance = FSelectInstanceSingleCrit$new(
  task = task,
  learner = learner,
  resampling = hout,
  measure = measure,
  terminator = eval5
)

# 随机搜索
fselector = fs("random_search")
```

```
# 执行筛选（这一步比较耗时）
fselector$optimize(instance)
```

在运行完毕后，我们可以查看 instance 变量中的 result_feature_set 部分，来观察最佳的变量组合：

```
instance$result_feature_set
## [1] "age"      "glucose"  "insulin"  "mass"     "pedigree" "pregnant"
"pressure" "triceps"
```

结果显示，我们最后筛选出来的最佳变量为 age、glucose、insulin、mass、pedigree、pregnant、pressure 和 triceps。由于迭代次数较少，所以结果不一定正确。如果想要更加靠谱的结果，应该增加迭代次数。当然，这也会花费更多的时间。现在，如果需要利用筛选出来的最佳变量组合来构建模型，可以这样操作：

```
task$select(instance$result_feature_set)
learner$train(task)
```

训练好的模型就保存在 learner 变量中。

第 16 章　实践案例四：基于 tidymodels 框架对鸢尾花进行多分类预测

16.1　工具简介

tidymodels 是一个集合了多个 R 语言工具包的框架，旨在为统计建模和机器学习任务提供一套一致的、规范的和灵活的工具。它的设计理念基于 tidyverse 风格的数据处理和可视化原则，核心组件包括 parsnip（模型规范）、dials（参数调整）、recipes（数据预处理）、workflows（工作流程）和 tune（模型调整）。通过 tidymodels，用户可以使用统一的语法定义模型、调整参数、预处理数据并构建完整的工作流程，从而简化了机器学习任务的开发和实现过程。它还提供了可靠的工具和技术来评估和优化模型的性能。tidymodels 的主要维护者为 Max Kuhn，他也是 caret 包的主要贡献者。tidymodels 新引入的重要特性就是把机器学习进行高度的模块化，然后利用管道把这些独立的模块组合到一起，从而提高机器学习框架的灵活性和可维护性。

16.2　问题背景

植物分类学是一门古老的学科，经典的植物分类学可以利用植物的外部形态来对植物进行分类，这有助于科学家对植物的演化关系和生活特性进行总结和探讨。鸢尾花数据集是由统计学家 Fisher 收集整理并共享的分类实验数据集，它有 150 个样本，共 5 列，包括花萼长度、花萼宽度、花瓣长度、花瓣宽度和物种名称。这个数据集在 R 的基本包中可以直接调用，其变量名为 iris。这个数据集的响应变量为物种名称，一共有 `setosa`、`versicolor` 和 `virginica` 三种，是一个因子变量，其他则全部是数值型解释变量。我们可以分别利用 `head`、`str` 和 `summary` 函数来对该数据框进行深入了解：

```
# 观察数据前 6 行
head(iris)
##    Sepal.Length Sepal.Width Petal.Length Petal.Width Species
```

```
## 1          5.1         3.5          1.4          0.2  setosa
## 2          4.9         3.0          1.4          0.2  setosa
## 3          4.7         3.2          1.3          0.2  setosa
## 4          4.6         3.1          1.5          0.2  setosa
## 5          5.0         3.6          1.4          0.2  setosa
## 6          5.4         3.9          1.7          0.4  setosa
# 观察数据结构
str(iris)
## 'data.frame':    150 obs. of  5 variables:
##  $ Sepal.Length: num  5.1 4.9 4.7 4.6 5 5.4 4.6 5 4.4 4.9 ...
##  $ Sepal.Width : num  3.5 3 3.2 3.1 3.6 3.9 3.4 3.4 2.9 3.1 ...
##  $ Petal.Length: num  1.4 1.4 1.3 1.5 1.4 1.7 1.4 1.5 1.4 1.5 ...
##  $ Petal.Width : num  0.2 0.2 0.2 0.2 0.2 0.4 0.3 0.2 0.2 0.1 ...
##  $ Species     : Factor w/ 3 levels "setosa","versicolor",..: 1 1 1 1 1 1
1 1 1 1 ...
# 探知数据的极值和分位数，以及因子变量的频数分布
summary(iris)
##   Sepal.Length    Sepal.Width     Petal.Length    Petal.Width          Species
##  Min.   :4.300   Min.   :2.000   Min.   :1.000   Min.   :0.100   setosa    :50
##  1st Qu.:5.100   1st Qu.:2.800   1st Qu.:1.600   1st Qu.:0.300   versicolor:50
##  Median :5.800   Median :3.000   Median :4.350   Median :1.300   virginica :50
##  Mean   :5.843   Mean   :3.057   Mean   :3.758   Mean   :1.199
##  3rd Qu.:6.400   3rd Qu.:3.300   3rd Qu.:5.100   3rd Qu.:1.800
##  Max.   :7.900   Max.   :4.400   Max.   :6.900   Max.   :2.500
```

因为响应变量为分类变量，而且有 3 个类别，因此这是一个多分类问题。我们将会使用 tidymodels 框架来解决这个任务，首先我们需要加载 tidymodels 包：

```
library(pacman)
p_load(tidymodels)
```

16.3 数据集划分

在开始数据分析之前，我们需要把数据集划分为训练集和验证集两部分，这可以使用 initial_split 函数来实现。这里，我们将使用 80%的数据作为训练集，而剩下的 20%数据作为验证集。同时，我们需要保证训练集和验证集中三个物种的比例是相当的，因此需要设定分层抽样，这可以通过设置 strata 参数进行实现。具体实现代码如下：

```
set.seed(2020)
iris_split = initial_split(iris,prop = .8,strata = "Species")
```

可以打印 iris_split 变量来观察划分的结果：

```
iris_split
## <Training/Testing/Total>
## <120/30/150>
```

结果表明，有 120 个样本用于模型训练，30 个样本用于模型验证，总共有 150 个样本。而后，我们可以使用 training 和 testing 函数来去除训练集和验证集的样本：

```
train = training(iris_split)
test = testing(iris_split)
```

现在，训练集和测试集分别保存在 train 和 test 两个变量中。

16.4 数据预处理

在 tidymodels 框架中，recipe 包提供的系列函数可以帮助我们对数据集进行统一标准的预处理。以我们抽取的训练集为例，这里我们对数据进行 z 中心化（即中心化和标准化同时进行）。这个步骤的实现代码如下：

```
iris_recipe = train %>%
  recipe(Species~.) %>%   # 利用公式指明响应变量
  step_normalize(all_predictors()) %>%   # 对所有解释变量进行 z 中心化
  prep() # 生成预处理配方，以用于其他数据集

iris_recipe
##
## ── Recipe ──────────────────────────────────────────────────────────────────
────────────────────
##
## ── Inputs
## Number of variables by role
## outcome:   1
## predictor: 4
##
## ── Training information
## Training data contained 120 data points and no incomplete rows.
##
## ── Operations
## • Centering and scaling for: Sepal.Length, Sepal.Width, Petal.Length,
Petal.Width | Trained
```

要获得训练集预处理之后的数据，可以使用 juice 函数：

```
iris_training = juice(iris_recipe)
```

而要对测试集使用相同的预处理方法，则需要使用 bake 函数：

```
iris_testing = iris_recipe %>% bake(test)
```

那么，经过预处理的训练集和测试集现在分别存储在 iris_training 和 iris_testing 变量中。我们可以对这两个数据集进行观察：

```
head(iris_training)
## # A tibble: 6 × 5
##   Sepal.Length Sepal.Width Petal.Length Petal.Width Species
##          <dbl>       <dbl>        <dbl>       <dbl> <fct>
## 1       -0.898      1.07          -1.32       -1.32 setosa
## 2       -1.14      -0.0805        -1.32       -1.32 setosa
## 3       -1.39       0.380         -1.37       -1.32 setosa
## 4       -1.51       0.150         -1.26       -1.32 setosa
## 5       -0.532      1.99          -1.15       -1.05 setosa
## 6       -1.51       0.840         -1.32       -1.18 setosa
head(iris_testing)
## # A tibble: 6 × 5
##   Sepal.Length Sepal.Width Petal.Length Petal.Width Species
##          <dbl>       <dbl>        <dbl>       <dbl> <fct>
## 1       -1.02       1.30          -1.32       -1.32 setosa
## 2       -1.75      -0.311         -1.32       -1.32 setosa
## 3       -0.167      1.76          -1.15       -1.18 setosa
## 4       -1.26       0.840         -1.04       -1.32 setosa
## 5       -1.02      -0.0805        -1.21       -1.32 setosa
## 6       -0.776      2.45          -1.26       -1.45 setosa
```

16.5　指定重采样方法

在训练集中，我们依旧可以继续对数据进行划分，利用重采样方法来获得更加稳健的训练结果。这里，我们可以使用 5 折交叉验证的方法来进行重采样。需要注意的是，在设置交叉验证的时候，为了保证每一折中的物种分布大体一致，可以对 strata 参数进行设定。其设置代码如下：

```
cv5 = vfold_cv(iris_training,
               v = 5, # 5 折交叉验证
```

```
                    strata = "Species") # 保证每一折中物种比例大概一致
cv5
## #  5-fold cross-validation using stratification
## # A tibble: 5 × 2
##   splits           id
##   <list>           <chr>
## 1 <split [96/24]> Fold1
## 2 <split [96/24]> Fold2
## 3 <split [96/24]> Fold3
## 4 <split [96/24]> Fold4
## 5 <split [96/24]> Fold5
```

16.6 模型定义与调参

在 tidymodels 框架中，我们需要对学习器进行指定，而这是分步进行的。例如我们要选择随机森林模型，可以使用 `set_engine` 函数来选择支撑该算法的软件包，同时可以用 `set_mode` 函数来指定任务类型（分类或是回归）。我们需要对想调节的超参数进行指定，这可以使用 `set_args` 函数来实现。下面，我们将会尝试利用随机森林来预测物种分类，相关代码如下：

```
rand_forest() %>%
  set_engine("ranger") %>%
  set_mode("classification") %>%
  set_args(mtry = tune(),trees = tune())-> rf_model
```

在模型定义好之后，我们可以把这些设置都放入工作流中。首先用 `workflow` 函数指定总体框架，然后加入预处理的方法和定义好的模型：

```
iris_wf = workflow() %>%
  add_recipe(iris_recipe) %>% # 加入预处理方法
  add_model(rf_model) # 加入定义好的模型
```

同时，我们需要对调参的网格进行设置。这里，我们会测试树为 100 棵和 500 棵、特征分支数量为 2 和 3 的情况，实现代码如下：

```
rf_grid = grid_regular(
  mtry(range = 2:3),
  trees(range = c(100,500)),
  levels = 2
)
rf_grid
## # A tibble: 4 × 2
```

```
##    mtry trees
##   <int> <int>
## 1     2   100
## 2     3   100
## 3     2   500
## 4     3   500
```

在指定了工作流中的各种参数后，我们可以对模型进行训练。使用 tune_grid 函数可以对定好参数的模型进行训练，相关代码如下：

```
tune_res<-tune_grid(
    iris_wf,
    resamples = cv5,
    grid=rf_grid
)
```

训练结束后，我们可以对结果进行展示。例如，我们可以对不同参数组合下模型的表现（包括精确度和 AUC 两个参数，见.metric 列）进行比较，方法如下：

```
tune_res %>%
  collect_metrics()
## # A tibble: 8 × 8
##    mtry trees .metric  .estimator  mean     n std_err .config
##   <int> <int> <chr>    <chr>      <dbl> <int>   <dbl> <chr>
## 1     2   100 accuracy multiclass 0.983     5 0.0102  Model1
## 2     2   100 roc_auc  hand_till  0.997     5 0.00208 Model1
## 3     3   100 accuracy multiclass 0.983     5 0.0102  Model2
## 4     3   100 roc_auc  hand_till  0.997     5 0.00208 Model2
## 5     2   500 accuracy multiclass 0.975     5 0.0102  Model3
## 6     2   500 roc_auc  hand_till  0.997     5 0.00208 Model3
## 7     3   500 accuracy multiclass 0.967     5 0.0156  Model4
## 8     3   500 roc_auc  hand_till  0.996     5 0.00304 Model4
```

而后，我们可以使用 select_best 函数来挑出最好的模型，在挑选的时候需要指定是按照什么标准来挑选的，这里我们使用 AUC 作为标准：

```
rf_best = tune_res%>%
    select_best(metric="roc_auc")
rf_best
## # A tibble: 1 × 3
##    mtry trees .config
##   <int> <int> <chr>
## 1     2   100 Model1
```

最后，我们把这个模型参数用在所有数据中，通过训练集获得一个最佳模型：

```
iris_wf %>%
  finalize_workflow(rf_best) -> train_model_final
train_model_final
## ══ Workflow ════════════════════════════════════════════════════════════════
════════════════════════
## Preprocessor: Recipe
## Model: rand_forest()
##
## ── Preprocessor ────────────────────────────────────────────────────────────
────────────────────────
## 1 Recipe Step
##
## • step_normalize()
##
## ── Model ───────────────────────────────────────────────────────────────────
────────────────────────
## Random Forest Model Specification (classification)
##
## Main Arguments:
##   mtry = 2
##   trees = 100
##
## Computational engine: ranger
```

16.7 观察模型在测试集的表现

在模型训练完成后，我们需要观察这个模型在未知的数据中是否也是有效的，这时就需要用到我们之前准备好的测试数据集 `iris_testing`：

```
train_model_final %>%
  last_fit(preprocessor = iris_recipe,split = iris_split) -> test_fit
test_fit %>%
  collect_metrics()
## # A tibble: 2 × 4
##   .metric  .estimator .estimate .config
##   <chr>    <chr>          <dbl> <chr>
## 1 accuracy multiclass     0.967 Preprocessor1_Model1
## 2 roc_auc  hand_till      0.993 Preprocessor1_Model1
```

结果显示，在测试集中，模型的精度与 AUC 值都非常高。如果需要观察具体的预测值，可以使用 `collect_predictions` 函数：

```
test_fit %>%
  collect_predictions()
## # A tibble: 30 × 8
##    id               .pred_setosa .pred_versicolor .pred_virginica  .row .pred_
class Species .config
##    <chr>                   <dbl>            <dbl>           <dbl> <int> <fct>
  <fct>   <chr>
##  1 train/test sp…          1                0               0          5 setosa
  setosa  Prepro…
##  2 train/test sp…          0.988            0.01            0.0025     9 setosa
  setosa  Prepro…
##  3 train/test sp…          0.962            0.0383          0         19 setosa
  setosa  Prepro…
##  4 train/test sp…          1                0               0         25 setosa
  setosa  Prepro…
##  5 train/test sp…          0.998            0               0.0025    26 setosa
  setosa  Prepro…
##  6 train/test sp…          1                0               0         33 setosa
  setosa  Prepro…
##  7 train/test sp…          0.998            0               0.0025    35 setosa
  setosa  Prepro…
##  8 train/test sp…          0.998            0               0.0025    43 setosa
  setosa  Prepro…
##  9 train/test sp…          1                0               0         45 setosa
  setosa  Prepro…
## 10 train/test sp…          1                0               0         49 setosa
  setosa  Prepro…
## # ℹ 20 more rows
```

结果不仅会显示预测的类型（`.pred_class`），还会显示样本属于不同类型的概率（如`.pred_setosa`，它表示基于建立的模型这个样本属于 `setosa` 的概率是多少）。同时，样本所在的行序号也会显示出来（`.row`）。